新疆草原植物图鉴

喀什卷

张云玲　孙　强　主编

中国林业出版社

图书在版编目（C I P）数据

新疆草原植物图鉴. 喀什卷 / 张云玲, 孙强主编. 北京 : 中国林业出版社, 2025.3. -- ISBN 978-7-5219-2918-8

Ⅰ. Q948.524.5-64

中国国家版本馆CIP数据核字第202410MC94号

策划编辑：马吉萍
责任编辑：马吉萍

出版：中国林业出版社
（100009，北京市西城区刘海胡同7号，电话83143595）
电子邮箱：cfphzbs@163.com
网址：https://www.cfph.net
印刷：北京博海升彩色印刷有限公司
版次：2025年3月第1版
印次：2025年3月第1次
开本：889mm×1194mm 1/16
印张：18.25
字数：350千字
定价：168.00元

编撰委员会

前言

新疆维吾尔自治区喀什地区位于新疆西南部，三面环山，北接天山，南部是喀喇昆仑山脉，西部虎踞帕米尔高原，东临塔克拉玛干沙漠。整个地势由西南向东北倾斜，境内世界第二高峰乔戈里峰海拔 8611m；最低处塔克拉玛干沙漠，海拔 1100m，受地理环境制约，属暖温带大陆性干旱气候带。全区共辖 1 个县级市、10 个县和 1 个自治县，分别为喀什市、叶城县、泽普县、莎车县、麦盖提县、英吉沙县、岳普湖县、巴楚县、伽师县、疏勒县、疏附县、塔什库尔干塔吉克自治县。

喀什旧称喀什噶尔，是古代丝绸之路北、中、南线的西端总交汇处，同时也分布有广袤的天然草原。20 世纪 80 年代中期由新疆维吾尔自治区畜牧厅组织开展新疆草地资源调查，新疆畜牧科学院草原研究所负责喀什地区草地资源调查；2009 年新疆维吾尔自治区草原总站对喀什地区开展了第二次草地资源调查；2017 年进行了草原清查，但是最终都没有进行成果汇总；2019—2020 年新疆维吾尔自治区草原总站联合喀什地区林业和草原局，在各县（市）草原相关部门的协助下，在前期草地资源调查、草原清查的基础上，对喀什地区进行了植物资源调查，经过标本采集、植物图像采集、植物标本鉴定、图像整理等工作，历时 2 年最终编写出版该图鉴。本书收录的是实际调查到并且已经完成鉴定的植物，有些植物虽然调查到了，但是没有进行图像采集，该部分植物未收录在内，这是本书的遗憾之处。

本书以图文并茂的形式展示喀什地区草原主要分布的植物，共收录植物种类 528 种（含变种 8 种）。其中，蕨类植物 1 种、裸子植物 6 种、被子植物 521 种，隶属 55 科 280 属。书中裸子植物按照郑万钧系统（1978 年）排序，被子植物按照恩格勒系统（1936 年）排序。本书的植物及其科属的中文名和学名主要依据《新疆植物志》《中国植物志》《中国维管植物科属词典》和 *Flora of China*。全书每种植物的配图基本涵盖了整株、花、果、叶和其他关键鉴别部位。本书的出版以期对从事草地及相关领域工作的专业技术人员、对新疆草地感兴趣的国内外非专业人员等有所帮助。

本书能够顺利出版，得到了中央财政林业草原生态保护恢复资金草原生态修复治理补助项目、自治区创新环境（人才、基地）建设专项－资源共享平台建设项目（PT2033）、自治区林业发展补助资金项目（XJLYKJ-2022-07）的资助，在此表示感谢。

本书编撰和审稿过程中，得到了很多专家学者的帮助与支持：北京师范大学刘全儒教授、新疆野生动植物保护协会理事杨宗宗为本书认真审稿；石河子大学阎平教授为植物标本鉴定提供了无私的帮助；通化师范学院周繇教授、中国科学院昆明植物研究所张挺研究员、新疆农业大学王兵教授和中国科学院新疆生态与地理研究所尹林克研究员、王喜勇博士等在植物图片采集工作中鼎力相助；新疆农业大学安沙舟教授、新疆维吾尔自治区草原总站张洪江农业技术推广研究员在草地资源概述部分给予了热情耐心的指导；新疆农业大学邱娟副教授在后期校稿中给予了大力的支持；新疆维吾尔自治区林业和草原局、新疆维吾尔自治区草原总站、喀什地区林业和草原局、喀什地区草原工作站、各县（市）林业和草原局及草原工作站等单位的同仁们在野外工作的开展中提供重要的保障。在此，谨向以上关心、支持本书出版的所有单位和个人致以最真挚的感谢！

由于编者水平和编著时间有限，书中难免有错误和不足之处，恳请广大读者不吝赐教，以便今后再版时得以补充修正。

编　者

2024 年 11 月

目录

第一篇 喀什地区草原资源概述

喀什地区草地资源参考1982年喀什地区草场调查队的《喀什地区草场饲料资源调查报告》及2011年新疆维吾尔自治区草原总站与喀什地区草原站联合编制的《喀什地区草地资源调查报告》中的草原分类系统，该地区共分布9个草地类、22个草地亚类。主要草地类型及各草地类中分布的植物如下。

一、温性草原类

该类草地主要分布在自叶城县乌鲁吾斯塘至帕米尔高原与昆仑山交接处的塔什库祖克山东坡的昆仑山脉（地理上通常称为西昆仑山）之间海拔3000（3200）~3600m的中山带，土壤以山地淡栗钙土为主，仅有山地温性草原亚类1个亚类。

山地温性草原亚类草地以多年生旱生丛生禾草为主，伴生有大量旱生、中旱生杂类草；高山绢蒿（*Seriphidium rhodanthum*）占有一定的数量，但只限于该类草地下部及一些阳坡地段。植物以穗状寒生羊茅（*Festuca ovina* subsp. *sphagnicola*）、新疆银穗草（*Leucopoa olgae*）、昆仑针茅（*Stipa roborowskyi*）、高山绢蒿为建群种。伴生植物有冰草（*Agropyron cristatum*）、天山鸢尾（*Iris loczyi*）、二裂委陵菜（*Potentilla bifurca*）、蛛毛车前（*Plantago arachnoidea*）、多种黄芪（*Astragalus* spp.）、火绒草（*Leontopodium leontopodioides*）、多种风毛菊（*Saussurea* spp.）、多裂蒲公英（*Taraxacum dissectum*）、多种棘豆（*Oxytropis* spp.）、细叶早熟禾（*Poa angustifolia*）、短花针茅（*Stipa breviflora*）、垂穗披碱草（*Elymus nutans*）、镰芒针茅（*Stipa caucasica*）、新疆亚菊（*Ajania fastigiata*）、多种鹅观草（*Elymus* spp.）、细裂叶莲蒿（*Artemisia gmelinii*）、大红红景天（*Rhodiola coccinea*）、高山紫菀（*Aster alpinus*）、异叶青兰（*Dracocephalum heterophyllum*）、西藏大戟（*Euphorbia tibetica*）、匍生蝇子草（*Silene repens*）、丘陵老鹳草（*Geranium collinum*）、芨芨草（*Achnatherum splendens*）、大萼委陵菜（*Potentilla conferta*）、冷蒿（*Artemisia frigida*）、西北针茅（*Stipa sareptana* var. *krylovii*）、黄白火绒草（*Leontopodium ochroleucum*）等。

二、温性荒漠草原类

该类草地是草原类组中最干旱的部分，处于干旱与半干旱气候的过渡区域，是荒漠类草地向草原类草地过渡区域，或者是草原类草地旱化，向荒漠类草地演替。主要分布在西昆仑山海拔2800（3000）~3200m中山带上部，莎车县一带上限抬升到3400m，土壤以棕钙土为主。

温性荒漠草原类仅有山地温性荒漠草原1个亚类。该亚类植被组成以多年生旱生丛生禾草、蒿类小半灌木为主，建群植物以昆仑针茅、镰芒针茅、沙生针茅（*Stipa glareosa*）、东方针茅（*Stipa orientalis*）、穗状寒生羊茅、高山绢蒿、芨芨草、昆仑锦鸡儿（*Caragana polourensis*）为主，主要伴生植物有博乐绢蒿（*Seriphidium borotalense*）、驼绒藜（*Ceratoides latens*）、合头草（*Sympegma regelii*）、短叶假木贼（*Anabasis brevifolia*）、中麻黄（*Ephedra intermedia*）、琵琶柴（*Reaumuria songarica*）、平车前（*Plantago depressa*）、天山鸢尾、垂穗披碱草、新疆银穗草、寒生羊茅（*Festuca kryloviana*）、喀什鹅观草（*Elymus kaschgaricus*）、矮火绒草（*Leontopodium nanum*）、优雅风毛菊（*Saussurea elegans*）、高山紫菀、刺叶彩花（*Acantholimon alatavicum*）、小花棘豆（*Oxytropis glabra*）、昆仑锦鸡儿（*Caragana polourensis*）、山韭（*Allium senescens*）、二裂委陵菜等。

三、高寒草原类

该类草地是在寒冷半干旱气候条件下发育而成，主要分布在海拔3600~4200m的西昆仑山的高山、亚高山地带阴坡以及海拔3600~4600m的帕米尔高原东南部的局部地段。在昆仑山内部山地则呈零星的片状分布。此类草地上接流石坡稀疏植被区，下与雪岭云杉林和山地草原相连，土壤为淡栗钙土和山地草甸土。

建群植物以紫花针茅（*Stipa purpurea*）、穗状寒生羊茅、新疆银穗草等丛生禾草为主，分布有高山早熟禾（*Poa alpina*）、短花针茅、高山绢蒿、垫状驼绒藜（*Ceratoides compacta*）、西藏亚菊（*Ajania tibetica*）、帕米尔委陵菜（*Potentilla pamiroalaica*）、雪地棘豆（*Oxytropis chionobia*）、小叶棘豆（*Oxytropis microphylla*）、岩蒿（*Artemisia rupestris*）、黑花薹草（*Carex melanantha*）、鳞叶点地梅（*Androsace squarrosula*）、四蕊山莓草（*Sibbaldia tetrandra*）、二裂委陵菜、美丽早熟禾（*Poa calliopsis*）、蛛毛车前、矮亚菊（*Ajania trilobata*）、白花蒲公英（*Taraxacum leucanthum*）、天山毛茛（*Ranunculus popovii*）、高山唐松草（*Thalictrum alpinum*）等植物。该类草地有高寒草原和高寒荒漠草原两个亚类。

1. 高寒草原亚类

此草地亚类植被组成以多年生冷旱生丛生禾草为主，并有较多种杂草。土壤为高山草原土，地表干燥，多有砾石块分布。主要建群植物有紫花针茅、穗状寒生羊茅、新疆银穗草等。主要伴生植物有短花针茅、东方针茅（*Stipa orientalis*）、羊毛状早熟禾（*Poa festucaceus*）、寒生羊茅、高山早熟禾、喀什鹅观草、天山鸢尾、帕米尔委陵菜、多裂委陵菜（*Potentilla multifida*）、高山黄芪（*Astragalus alpinus*）、雪地棘豆、庞氏棘豆（*Oxytropis poncinsii*）、小叶彩花（*Acantholimon diapensioides*）、黄白火绒草（*Leontopodium ochroleucum*）、高山紫菀、高山绢蒿、钟萼白头翁（*Pulsatilla campanella*）、大红红景天、高原芥（*Christolea crassifolia*）、拟鼻花马先蒿（*Pedicularis rhinanthoides*）等。

2. 高寒荒漠草原亚类

此草地亚类主要分布在帕米尔高原东坡海拔3600~4600m的塔什库尔干河流域，土壤为高山荒漠土，地表十分干燥，砾石、石块较多。在寒冷干旱的气候条件下，该草地亚类草群结构发生了较大的变化，由草原植物多年生旱生丛生禾草层片与荒漠植物的小半灌木层片共存，草原植物的参与度在30%~70%，旱生的小半灌木层片对群落构成起着极为重要的作用。主要建群植物有紫花针茅、穗状寒生羊茅、高山绢蒿、短花针茅、驼绒藜、高山早熟禾、座花针茅（*Stipa subsessiliflora*）、雪地棘豆。主要伴生植物有美丽早熟禾、垂穗披碱草、黄白火绒草、异叶青兰、帕米尔委陵菜、鹅观草（*Elymus* spp.）、寒生羊茅、异齿黄芪（*Astragalus heterodontus*）、多枝黄芪（*Astragalus polycladus*）、庞氏棘豆、天山鸢尾、多裂委陵菜、合头草、独行菜（*Lepidium apetalum*）、小叶彩花、蛛毛车前、滩地韭（*Allium oreoprasum*）、新疆亚菊（*Ajania fastigiata*）、阿尔泰狗娃花（*Aster altaicus*）、青藏薹草（*Carex moocroftii*）、弱小火绒草（*Leontopodium pusillum*）等。

四、温性草原化荒漠类

该类草地是在干旱气候条件下形成的草地类型，分布在海拔2600~3100m、降水量200~300mm、年均温度4~8℃的西昆仑山北坡低山带，地形较缓和，有黄土状亚沙土层覆盖，土壤为棕漠土。植被组成以超旱生小半灌木植物为主，并有10%~30%的草原植物层片加入。建群植物是高山绢蒿、驼绒藜、琵琶柴（*Reaumuria songarica*）、昆仑锦鸡儿；亚建群种植物则为青甘韭（*Allium przewalskianum*）。该类草地气候夏季炎热，冬季温和，且有逆温层存在，是良好的冬春牧场。

按土壤基质的差异，划分为沙砾质温性草原化荒漠和土质温性草原化荒漠2个亚类。

1. 沙砾质温性草原化荒漠亚类

主要分布于塔什库尔干县山区和叶尔羌河之间海拔2900~3100m的西昆仑山的低山带，地表河流纵横，径流丰富，山体切割破碎，坡陡谷深，水土流失严重。地表多有砾石质覆盖，土层较薄。

该亚类仅有以高山绢蒿、短花针茅为建群种与亚建群种的1个草地型。主要伴生植物有驼绒藜、新疆银穗草、香叶蒿(*Artemisia rutifolia*)、灌木小甘菊(*Cancrinia maximowiczii*)、戈壁藜(*Iljinia regelii*)、琵琶柴、昆仑锦鸡儿、圆叶盐爪爪(*Kalidium schrenkianum*)、刺叶彩花、木地肤(*Kochia prostrata*)等。

2. 土质温性草原化荒漠亚类

主要分布在西昆仑山外缘海拔2600~3100m的低山带中部。本亚类草地以高山绢蒿、短花针茅、镰芒针茅、沙生针茅、冰草、西北针茅、驼绒藜、琵琶柴、昆仑锦鸡儿、青甘韭为优势种。常见的伴生植物有天山鸢尾、滩地韭、合头草、新疆银穗草、三芒草（*Aristida heymannii*）、偃麦草（*Elytrigia repens*）、小苞瓦松（*Orostachys thyrsiflora*）、多种黄芪（*Astragalus* spp.）、多种棘豆（*Oxytropis* spp.）、荒漠镰芒针茅（*Stipa caucasica* subsp. *desertrum*）、木地肤、天山彩花（*Acantholimon tianschanicum*）等。

五、温性荒漠类

该类草地是在极端干旱的气候条件下形成的，分属平原和山地两种地貌。平原荒漠类草地年均降水量在40~50mm，年均气温9~11.7℃，光照充足，热量资源丰富。植被按其成因分两种类型：一种是显域性的地带性荒漠，分布在叶城县、英吉沙县山前倾斜平原和疏附县乌帕尔砾漠的上部；另一种则是分布在巴楚县、麦盖提县叶尔羌河中下游冲积平原的低洼地上的隐域性盐漠植被。在利用上，显域性的地带性荒漠多为冬春牧场，盐漠则为全年牧场。山地荒漠类草地分布在西昆仑山，海拔2200~2800m的低山带中上部，土壤为棕漠土，年降水量200mm以下，年均气温5~10℃，夏季炎热，冬季较温和，且有逆温层存在，是较理想的冬春牧场，只是不少时段缺水，影响到草场的合理利用。

温性荒漠类草地土壤为沙质、砂砾质和土质的棕色荒漠土和盐土。植被组成在平原荒漠，灌木有多种柽柳（*Tamarix* spp.）、膜果麻黄（*Ephedra przewalskii*）、中麻黄等，盐类半灌木驼绒藜、合头草、琵琶柴、多种假木贼（*Anabasis* spp.）、猪毛菜属（*Salsola* spp.）等，蒿类半灌木博乐绢蒿、西北绢蒿（*Seriphidium nitrosum*）、高山绢蒿、伊犁绢蒿（*Seriphidium transiliense*）、灌木亚菊（*Ajania fruticulosa*）等为主。山地荒漠以盐柴类和蒿类半灌木为主，种类与平原荒漠类似，它是平原荒漠向山地的延伸。

该草地类型按土壤基质差异划分为沙质温性荒漠、砾沙质温性荒漠、砾石质温性荒漠、土质温性荒漠、盐土温性荒漠5个亚类。

1. 沙质温性荒漠亚类

该草地亚类分布在叶城县南部山区山前洪积扇下部的覆沙地，地势平坦，起伏不明显，相对高差仅40m左右。土壤为风沙土，植被组成种类稀少，以盐柴类半灌木琵琶柴和一年生长营养期草本刺沙蓬（*Salsola ruthenica*）、猪毛菜（*Salsola collina*）、倒披针叶虫实（*Corispermum lehmannianum*）、雾冰藜（*Bassia dasyphylla*）等分别构成2个优势层片。

2. 砾砂质温性荒漠亚类

该草地亚类分布在叶城县南部和英吉沙县山前冲积–洪积扇上部，基质粗，以砂砾质覆盖地表，土壤为棕漠土。地形有明显的起伏，相对高差40~120m。地面干燥，植被组成以琵琶柴、无叶假木贼（*Anabasis aphylla*）、龙蒿（*Artemisia dracunculus*），主要伴生植物有合头草、黑果枸杞（*Lycium ruthenicum*）、膜果麻黄（*Ephedra przewalskii*）、泡泡刺（*Nitraria sphaerocarpa*）、天山猪毛菜（*Salsola junatovii*）、蒿叶猪毛菜（*Salsola abrotanoides*）、猪毛莱、盐生草（*Halogeton glomeratus*）、白茎盐生草（*Halogeton arachnoideus*）等。

3. 砾石质温性荒漠亚类

该草地亚类主要分布在疏附县境内的乌帕尔砾漠上部的山前洪积–冲积扇中上部。由于水流自然分选作用，大量的砾石滞留在地面，土壤为棕漠土。植被着生不均匀，在季节性散流冲沟以及沉积细土质的扇形低洼槽上，植物密度大且长势好，凸梁地段则植物生长稀疏。戈壁藜、圆叶盐爪爪、合头草、无叶假木贼、粗糙假木贼（*Anabasis pelliotii*）为建群植物，主要伴生植物为刺沙蓬、琵琶柴、盐生草等。

4. 土质温性荒漠亚类

该草地亚类植被组成以超旱生的蒿类半灌木、盐柴类半灌木为主，高山绢蒿型、合头草型是本草地亚类的代表草地型。土壤为棕漠土。在草地上占据优势的植物还有戈壁藜、高山绢蒿、合头草、昆仑锦鸡儿、琵琶柴等，主要伴生植物有雾冰藜、驼绒藜、芨芨草、中麻黄（*Ephedra intermedia*）等。

5. 盐土温性荒漠亚类

该草地亚类分布在麦盖提县、巴楚县境内的叶尔羌河中下游冲积平原的低洼处，地下水位高，且排水不畅，造成土壤中盐分含量过高，形成草甸盐土。植被以多汁盐柴类半灌木为主。多枝柽柳（*Tamarix ramosissima*）、盐穗木（*Halostachys caspica*）、盐节木（*Halocnemum strobilaceum*）是草地中的优势种植物，盐角草（*Salicornia europaea*）、碱蓬（*Suaeda glauca*）、盐爪爪（*Kalidium foliatum*）、花花柴（*Karelinia caspia*）、骆驼刺（*Alhagi sparsifolia*）、芦苇（*Phragmites australis*）等为伴生植物。

六、高寒荒漠类

该类草地是在寒冷而又极端干旱的大陆性气候条件下形成的草地类，占据着海拔3600~4000m的塔什库尔干县的东帕米尔高原的中下部山坡（包括萨雷阔勒岭以西地区），年降水量仅70~100mm，土壤为山地草甸土。植被种类贫乏，生长稀疏，多用作冬春牧场。

植被组成以旱生、超旱生的盐柴类半灌木和蒿类半灌木为主，高山绢蒿、垫状驼绒藜、西藏亚菊、短花针茅、驼线藜、戈壁藜为建群种，主要伴生植物有紫花针茅、中亚早熟禾（*Poa litwinowiana*）、雪地棘豆、无茎条果芥（*Parrya exscapa*）、西藏肉叶荠（*Braya tibetica*）、刺叶彩花（*Acantholimon alatavicum*）、多种委陵菜（*Potentilla* spp.）、藜（*Chenopodium album*）、霸王（*Zygophyllum fabago*）等。根据土壤基质的差异，将高寒荒漠草地划分为高原高寒荒漠、高原高寒草原化荒漠2个亚类。

1. 高原高寒荒漠亚类

该草地亚类主要分布在塔什库尔干县的郎库里、塔什库尔干河中上游卡拉其古，在卡拉苏、麻扎、瓦恰、托克满苏、赞坎等地也有分布。土壤为砂砾质基质的淡栗钙土。草地下限往往与非草场地类的稀疏植被区连接。卡拉苏冷季水源短缺，形成大片的缺水草场地，天然降水稀少，植物生长低矮，使这类草地更显得荒凉，地表径流丰富，但是草地土壤干旱，植物种类单一，生长稀疏矮小。该亚类分布在海拔3900m的帕米尔高原东坡的土质山坡上，植被组成以高山绢蒿、西藏亚菊、驼绒藜为建群种，局部地段分布有以戈壁藜为主的群落，伴生植物有合头草、紫花针茅、垫状驼绒藜、多种风毛菊（*Saussurea* spp.）、帕米尔棘豆（庞生棘豆、内折棘豆）（*Oxytropis poncinsii*）、无茎条果芥、西藏肉叶荠、青藏薹草等。

2 高原高寒草原化荒漠亚类

该草地亚类占据了东帕米尔大部分山原。主要分布在塔什库尔干谷地中北部及其相邻的萨雷阔勒岭西部的阿克苏河谷（即库里河谷盆地一带）海拔3900~4100m的缓平山坡和谷盆地内的洪积-冲积山前倾斜平原。年均气温在-3℃以下，年降水量100~200mm，风蚀强烈，土层瘠薄，地表多砾石覆盖，土壤为山地草甸土。这里冬季气候略冷，但因高原地带冷季草场奇缺，仍被划作冬春牧场。

该草地亚类的植被是在荒漠植被中有10%~30%小丛禾草层片存在，优势层片为高山绢蒿、驼绒藜、短花针茅、垫状驼绒藜。常见的伴生植物有紫花针茅、青藏薹草、多种委陵菜（*Potentilla* spp.）、细子麻黄（*Ephedra regeliana*）、棘豆（*Oxytropis* spp.）、多种亚菊（*Ajania* spp.）、合头草、多种赖草（*Leymus* spp.）等。

七、低地草甸

该类草地是在荒漠气候条件下，由于河水泛滥、侧渗以及扇缘地下水渗出等原因，土壤受地下水滋润而保持湿润，草甸土得到发育，从而形成非地带性的隐域植被。广泛分布于叶尔羌河、喀什噶尔河中下游冲积平原上，在喀什三角洲中下部、帕米尔高原东部的郎库里地区、塔什库尔干河流域河谷也有分布。本类草地的植物组成以芦苇、小獐毛（*Aeluropus pungens*）、拂子茅（*Calamagrostis epigeios*）、狗牙根（*Cynodon dactylon*）、芨芨草、胀果甘草（*Glycyrrhiza inflata*）、骆驼刺、花花柴、罗布麻（*Apocynum venetum*）、多枝赖草（*Leymus multicaulis*）、宽穗赖草（*Leymus ovatus*）、草地早熟禾（*Poa pratensis*）、盐角草、盐穗木、肥叶碱蓬（*Suaeda kossinskyi*）、平卧碱蓬（*Suaeda prostrata*）、星花碱蓬（*Suaeda stellatiflora*）、盐爪爪、海乳草（*Glaux maritima*）、多枝柽柳、灰叶胡扬（*Populus pruinosa*）、尖果沙枣（*Elaeagnus oxycarpa*）等为优势种；重要伴生植物有大车前（*Plantago major*）、猪毛菜、刺沙蓬、多种蒲公英（*Taraxacum* spp.）、沼生苦苣菜（*Sonchus palustris*）、乳苣（*Mulgedium tataricum*）、多种鸦葱（*Scorzonera* spp.）、欧亚旋覆花（*Inula britannica*）、光果甘草（*Glycyrrhiza glabra*）、苦豆子（*Sophora alopecuroides*）、盐豆木（*Halimodendron halodendron*）、小花棘豆、委陵菜（*Potentilla* sp.）、盐节木、白茎盐生草、盐生草、骆驼蓬（*Peganum harmala*）、泡泡刺、节节草（*Equisetum ramosissimum*）、水麦冬（*Triglochin palustris*）、宽叶香蒲（*Typha latifolia*）、无苞香蒲（*Typha laxmannii*）、小香蒲（*Typha minima*）、华扁穗草（*Blysmus sinocompressus*）、多种薹草（*Carex* spp.）、球穗藨草（*Scirpus strobilinus*）、荆三棱（*Scirpus yagara*）、水葱（*Scirpus tabernaemontani*）、多种灯心草（*Juncus* spp.）、假苇拂子茅（*Calamagrostis pseudophragmites*）、胡杨（*Populus euphratica*）等。

因生境和植被性质的变化分异，划分为5个亚类。

1. 水泛地草甸亚类

分布在塔什库尔干河谷、塔合曼盆地以及叶尔羌河中下游高位河漫滩。其形成原因是受河流汛期水泛滥作用，土壤为轻盐化草甸土，盐分含量低，但地下水位高，地表潮湿。植被组成主要以芦苇、赖草、拂子茅等为优势种。由于塔什库尔干谷地与叶尔羌河中下游冲积平原高度相差2000m，热量差异很大，故植物优势种类、群落结构和生物产量有显著的区别。

2. 低地盐生草甸亚类

主要发育在叶尔羌河中下游冲积平原、扇缘地带，喀什三角洲中下部及喀什噶尔河流域也有零散分布。地形平坦，地下水位一般在1~3m，土壤有不同程度的盐渍化，为草甸盐土。建群植物由耐盐中生的芦苇、小獐毛、胀果甘草、花花柴、骆驼刺、罗布麻等为优势种，尤以芦苇型草地最为常见，伴生有小林碱茅（*Puccinellia hauptiana*）、宽穗赖草、糙稃大麦草（*Hordeum turkestanicum*）等；还有少数灌木，如多枝柽柳、黑果枸杞，使部分草地有不同程度的灌丛化。

3. 低地沼泽化草甸亚类

主要分布在巴楚、莎车、疏勒、疏附等县水库、河岸附近洼地，地下水位接近地表，有10~20cm的季节性积水，土壤为沼泽化的草甸土。以芦苇、小獐毛、狗牙根、拂子茅、小香蒲、海乳草、鹅绒委陵菜（*Potentilla anserina*）等为草地植物优势种。

八、高寒草甸类

该类草地是在寒冷湿润的气候条件下发育而形成的草地，主要分布在海拔3600~4200m的西昆仑山高山、亚高山带阴坡、半阴坡，另在塔什库尔干县南部的喀喇昆仑山也有少量分布。该区域气候寒冷湿润，年降水量可达400mm以上，部分地段还有融雪水浸润；年均温度一般在-2~7℃，冷季长而寒冷，暖季短而凉爽。土壤为高寒草甸土，基质以细土质为主，其中混有10%~20%的粗砂砾，土层薄，地上多有大大小小的石块散布。土体潮湿，内含有大量的腐殖质及草根残留物，水热条件强烈地影响了植物的生长，发育了寒旱生的植被，植物不但生长矮小，群落结构也比较简单。

此类草地以线叶嵩草（*Kobresia capillifolia*）、白尖薹草（*Carex atrofusca*）等寒旱生小莎草类，珠芽蓼（*Polygonum viviparum*）、鬼箭锦鸡儿（*Caragana jubata*）等寒中生植物为优势植物，新疆银穗草、喀什鹅观草、寒生羊茅、垂穗披碱草、高山早熟禾、黑花薹草、帕米尔委陵菜、黄白火绒草、昆仑雪兔子（*Saussurea depsangensis*）、冰河雪兔子（*Saussurea glacialis*）、鼠麴雪兔子（*Saussurea gnaphalodes*）、三小叶当归（*Angelica ternata*）、异叶青兰、钟萼白头翁、高山唐松草、喜山葶苈（*Draba oreades*）、大花红景天（*Rhodiola crenulata*）、石生老鹳草（*Geranium saxatile*）等为伴生植物。根据草地植被性质的变化，划为高山高寒草甸亚类1个亚类。

高山高寒草甸亚类分布在湿润地区的半阴坡、半阳坡，以及较干燥区域的阴坡地段，该草地多处于河流、山溪的源头、开阔的“U”形谷地，暖季地表径流丰富。以白尖薹草、珠芽蓼、线叶嵩草、喜马拉雅嵩草（*Kobresia stenocarpa*）、新疆薹草（*Carex turkestanica*）为优势植物，伴生植物有高山早熟禾、寒生羊茅、鬼箭锦鸡儿（*Caragana jubata*）等。

九、沼泽亚类

主要分布在莎车县、巴楚县境内的叶尔羌河中下游冲积平原上的低洼地。因地势低洼、排流不畅，形成常年积水地段，生长着以芦苇为建群种植物的草本沼泽草地；含高位沼泽亚类、低位沼泽亚类2个草地亚类。

1. 高位沼泽亚类

分布在巴楚县的阿克萨克马热勒乡和小海子水库周边的积水洼地，生长着高大茂密的芦苇纯群落。

2. 低位沼泽亚类

分布在莎车县境内的叶尔羌河河道两旁及平原水库边缘，这类草地常年积水，在浅水中生长着芦苇、牛毛毡（*Eleocharis yokoscensis*）低草草本植物群落，而香蒲（*Typha* spp.）、藨草(*Scirpus* spp.)群落则镶嵌状分布在积水较深的凹坑地。

第二篇 喀什地区草原植物图鉴

木贼科 Equisetaceae

节节草 *Equisetum ramosissimum* Desf.

形态特征：多年生中小型草本植物。根状茎横走，黑色；地上茎高 18~100cm 或更高，直立，基部分枝，各分枝中空，有棱脊 6~20 条，粗糙。叶退化，下部连合成鞘，鞘片背上无棱脊，鞘齿短三角形，黑色，有易落的膜质尖尾，每节有小枝 2~5 个（很少不生小枝或仅有 1 个小枝）。孢子囊穗生分枝顶端（有时生小枝顶端），长 0.5~2cm，矩圆形，有小尖头，无柄；孢子叶六角形，中央凹入，盾状着生，排列紧密，边缘生长形的孢子囊。

生　　境：生于荒漠河谷、湖岸边、砂地、砾石地，海拔 1500~3000m。

柏科 Cupressaceae

昆仑方枝柏 *Juniperus centrasiatica* Kom.

形态特征：乔木，高达 12m，胸径 10~20cm。树冠密，灰绿色；枝条灰色，裂成薄片剥落；一年生枝的一回分枝近圆柱形，粗壮，径 1.5~2.5mm，二回分枝开展或近直，四棱形，径 1.2~1.5mm。鳞叶交叉对生，通常排列紧密，长 1.5~2mm，背部常有明显的钝脊，腺体通常不明显。球果卵圆形，长 9~11mm，熟时褐黄色或淡黄褐色。种子稍扁，基部圆。花期 4—5 月，球果第 2 年成熟。

生　　境：生于亚高山至高山带阴坡、半阴坡、山脊、山谷、山河谷及河滩，海拔 2600~3600m。

麻黄科 Ephedraceae

蓝枝麻黄 *Ephedra glauca* Regel

形态特征：小灌木，高 20~80cm。茎基部粗约 1cm。上一年生枝淡黄绿色；当年生枝几相互平行向上，淡灰绿色，密被蜡粉，光滑，具浅沟纹。叶片 2 枚，狭三角形或狭长圆形。雄球花椭圆形或长卵形，无柄或具短柄，对生或轮生于节上。雄蕊柱长 1~2mm，伸出。雌球花含 2 种子，长圆状卵形，无柄或具短柄（长 4~8mm），对生或几枚成簇对生。苞片 3~4 对，交互对生，草质，淡绿色，具白膜质边缘，成熟时红色。种子 2 粒，不露出，椭圆形，长约 5mm，灰棕色；种皮光滑，有光泽；种子 8 月成熟，花期 6 月，果期 7—8 月。

生　　境：生于前山荒漠砾石阶地、黄土状基质冲积扇、冲积堆、干旱石质山脊、冰积漂石坡地、石质陡峭山坡，海拔 1000~3000m。

中麻黄 *Ephedra intermedia* Schrenk ex C. A. Mey

形态特征：灌木，高 0.2~1m，稀 1m 以上。茎直立或匍匐斜上，粗壮，基部分枝多。绿色小枝常被白粉而呈灰绿色，节间长 3~6cm，径 1~2mm，纵槽纹较细浅。叶 3（2）裂，2/3 以下合生，裂片钝三角形或窄三角状披针形。雄球花通常无梗，数个密集于节上成团状，稀 2~3 个对生或轮生于节上；雌球花 2~3 成簇，对生或轮生于节上。苞片 3~5，通常仅基部合生，边缘常有膜质窄边，最上部有 2~3 雌花；成熟时苞片增大成肉质红色。种子包于肉质红色苞片内，不外露，3 粒或 2 粒，卵圆形或长卵圆形，长 5~6mm。花期 5—6 月，果期 7—8 月。

生　　境：生于干旱荒漠、沙滩地区及干旱的山坡或草地上，海拔 1200~2000m。

西藏麻黄 *Ephedra tibetica* (Stapf) V. Nit.

形态特征：小灌木，高10~40cm。地下茎发达，有节，分枝，棕红色；主茎基部淡灰色或深灰色，深纵沟，小枝绿色。叶片2~3枚，对生或轮生，狭三角形或狭长圆形。雄球花多数（20余枚），常每3~4枚一束形成复团伞花序；苞片近圆形，背部淡绿色，边缘宽膜质，腋部1朵花，具短柄。雌球花数朵至30朵，紧密着生在节上；每一雌球花呈椭圆形，在其上部，具3~4对交互对生的苞片；苞片草质、薄革质，背部淡绿色，边缘宽膜质；雌球花成熟时全部苞片肉质，红色或紫色。种子2~3粒，张开，几内藏，狭椭圆形，长约5mm；种皮光滑，有光泽。花期5—6月，果期7—8月。

生　　境：生于高山干旱石坡、河谷、河滩，海拔2900~4200m。

膜果麻黄（膜翅麻黄）*Ephedra przewalskii* Stapf

形态特征：灌木，高0.2~1m。木质茎高为植株的一半以上，基径约1cm，茎皮灰黄色或灰白色，细纤维状，纵裂成窄椭圆形网眼，分枝多。小枝节间粗长，长2.5~5cm，径2~3mm。叶3（2）裂，2/3以下合生，裂片三角形或长三角形。球花通常无梗，多数密集成团状的复穗花序，对生或轮生于节上；苞片膜质，淡黄棕色，雌球花成熟时苞片增大成无色半透明的膜质。种子通常3粒，稀2粒，包于膜质苞片内，暗褐红色，长卵圆形，长约4mm，顶端细窄成尖突状，表面常有细密纵裂纹。花期5—6月，果期7—8月。

生　　境：常生于干燥沙漠地区及干旱山麓，多砂石的盐碱土地上也能生长，海拔1100~2800m。

细子麻黄 *Ephedra regeliana* Florin

形态特征：草本状矮小灌木，高 5~15cm，木质茎不明显。小枝假轮生，通常向上直伸，较细短，节间通常长 1~2cm，径约 1mm。叶 2 裂，1/2 合生，裂片宽三角形。雄球花生于小枝上部，常单生侧枝顶端，苞片 4~5（8）对，约 1/2 合生；雌球花在节上对生或数个在枝顶丛生。苞片通常 3 对，下面 2 对约 1/2 以下合生，最上 1 对大部合生，仅先端微裂，雌花 2，胚珠的珠被管通常直，长不及 1mm，成熟时苞片肉质红色。种子 2（1）粒，藏于苞片内，窄卵圆形，长 2~4mm，深褐色，有光泽。花期 5—6 月，果期 7—8 月。

生　　境：常生于多沙砾石地区或石缝中，海拔 1100~2500m。

杨柳科 Salicaceae

胡杨 *Populus euphratica* Oliv.

形态特征：乔木，高达 15m。萌枝细，圆形，光滑或微有茸毛。萌枝叶披针形或线状披针形，全缘或有不规则疏波状牙齿。叶卵圆形、卵圆状披针形、三角状卵圆形或肾形，上部有粗牙齿，无毛；叶柄微扁，约与叶片等长，萌枝叶柄长 1cm，有茸毛或光滑。雄花序细圆柱形，长 2~3cm，雄蕊 15~25；苞片略菱形，长约 3mm，上部有疏牙齿；雌花序长约 2.5cm，花序轴有茸毛或无毛；子房被茸毛或无毛，子房柄与子房近等长，柱头 2 或 3 浅裂。果序长达 9cm，蒴果长卵圆形，长 1~1.2cm，2~3 瓣裂，无毛。花期 5 月，果期 7—8 月。

生　　境：生于荒漠河流沿岸、排水良好的冲积沙质壤土上，海拔 1100~2400m。

灰胡杨 *Populus pruinosa* Schrenk

形态特征：小乔木，高 10（20）m。树冠开展；树皮淡灰黄色；萌枝密被灰色短茸毛；小枝有灰色短茸毛。萌枝叶椭圆形，两面被灰茸毛；短枝叶肾脏形，长 2~4cm，宽 3~6cm，全缘或先端具 2~3 疏齿牙，两面灰蓝色，密被短茸毛；叶柄长 2~3cm，微侧扁。果序长 5~6cm，果序轴、果柄和蒴果均密被短茸毛。蒴果长卵圆形，长 5~10mm，2~3 瓣裂。花期 5 月，果期 7—8 月。

生　　境：生于荒漠河谷河漫滩或水位较高的沿河地带，海拔 1200~2800m。

伊犁柳 *Salix iliensis* Regel

形态特征：大灌木，树皮深灰色。小枝淡黄色，初有短茸毛，后光滑无毛。芽扁长圆状披针形，具钝嘴。叶椭圆形、倒卵状椭圆形，阔椭圆形或倒卵圆形，长 3~7cm，基部楔形，正面暗绿色，背面淡绿色，无毛，幼叶有短茸毛；叶柄长 3~4mm，微有毛；托叶肾形，有齿牙。雄花序无梗；雄蕊 2，离生，花丝基部有柔毛；雌花序具短梗和小叶，长 1~2cm，果序达 4cm，轴有毛；苞片倒卵状长圆形，先端钝，暗棕色至近黑色；子房长圆锥形，密被灰茸毛，子房柄长约 1mm，花柱短，柱头头状。蒴果长约 5mm，灰色。花期 5 月，果期 6 月。

生　　境：生于山谷河岸边，海拔 1400~2700m。

桦木科 Betulaceae

天山桦 *Betula tianschanica* Rupr.

形态特征：乔木，高达 12m，胸径 20cm。树皮淡黄褐色，薄片剥落。小枝被柔毛及树脂点。叶卵状菱形，长 2~7cm，先端尖，基部楔形，背面沿脉疏被毛或近无毛，侧脉 4~6 对，重锯齿粗或钝尖；叶柄长 0.5~1.3cm，被细柔毛。果序圆柱形，长 1.2~3cm，果序柄长 0.6~1cm；果苞长 4~5mm，背面被细毛，中裂片三角状或椭圆形，较侧裂片稍长，侧裂片半圆形或长圆形，微开展或斜展。小坚果倒卵形，果翅较果宽或近等宽。花果期 7—8 月。

生　　境：生于山谷河岸阶地、沟谷、阴山坡或砾石坡，海拔 1300~2500m。

蓼科 Polygonaceae

山蓼 *Oxyria digyna* (L.) Hill.

形态特征：多年生草本，高 10~30cm。茎直立。基生叶有长柄；叶片肾形或近圆形，长 1.5~3cm，宽 2~4cm，顶端圆钝，基部宽心形，全缘，无毛；茎上的叶通常退化，仅存膜质托叶鞘，有时有 1~2 小叶。花序圆锥状，顶生；花梗细长，中下部有关节；花两性，淡绿色；花被片 4，呈 2 轮，在果时内轮花被片稍增大，倒卵形，外轮花被片较小；雄蕊 6；花柱 2，柱头画笔状。瘦果扁平卵形，边缘有膜质翅，顶端凹陷，翅淡红色。花果期 6—8 月。

生　　境：生于高山和亚高山的河滩、水边、石质坡地和石缝中，海拔 2000~4500m。

帕米尔酸模 *Rumex pamiricus* Rech. f.

形态特征： 多年生草本，高50~100cm。直根，直径达1cm。茎单一，直立，具棱槽，通常淡紫红色。叶肥厚，长披针形或椭圆状披针形，先端渐尖，基部心形，两面无毛；叶柄粗，向下增宽；茎上部叶渐小，花序中的叶线状披针形。圆锥花序广椭圆形，几从茎的基部有花枝；花两性，外轮花被片广椭圆形，窄小，内轮花被片果期增大，圆状肾形，先端圆钝，稍渐狭，基部心形，有网纹，红紫色或橘黄色，全部无瘤；花梗细，近2倍长于花被片，近基部具关节。瘦果椭圆形，两端渐尖，具3棱，棱角尖锐，淡褐色。花果期7—8月。

生　　境： 生于高山和亚高山草甸、山地河谷水边，海拔2000~3100m。

狭叶酸模 *Rumex stenophyllus* Ledeb.

形态特征： 多年生草本，根粗壮，直径可达1cm。茎直立，高40~80cm，通常上部分枝，具浅沟槽。基生叶披针形或狭披针形，顶端急尖，基部楔形，边缘皱波状；叶柄比叶片短；茎生叶较小，披针形或线状披针形，叶柄短或近无柄；托叶鞘膜质，易碎裂。花序圆锥状，狭窄；花两性，多花轮生；花梗细弱，下部具关节，外花被片长圆形，较小内花被片果时增大，三角形，顶端急尖，基部截形，边缘具小齿，全部具长卵形小瘤。瘦果椭圆形，顶端急尖，基部狭窄，具3锐棱，褐色。花期5—6月，果期6—8月。

生　　境： 生于荒漠绿洲的水渠边、干水沟旁、田边、撩荒地及山谷河边，海拔达1200m。

木蓼 *Atraphaxis frutescens* (L.) Ewersm.

形态特征： 灌木，高达 80cm。多分枝，树皮灰褐色。老枝顶端无刺。叶窄披针形、椭圆形或倒卵形，蓝绿或灰绿色，长 1~2cm，宽 0.3~1cm，基部渐窄成短柄，具关节，近全缘，微外卷，无毛，背面叶脉明显；托叶鞘筒状，膜质，下部褐色，上部白色，顶端具 2 尖齿。总状花序顶生，花稀疏；花梗长 5~8mm，中下部具关节；花被片 5，淡红色，边缘白色，内花被片 3，果时增大，宽椭圆形，具网脉，外花被片卵圆形，果时反折。瘦果窄卵形，具 3 棱，黑褐色，有光泽。花期 5—6 月，果期 7—8 月。

生　　境： 生于荒漠的沙地、戈壁、荒地，山地河谷的河漫滩、干旱草原及石质山坡，海拔 1100~1900m。

长枝木蓼 *Atraphaxis virgata* (Regel.) Krassn

形态特征： 灌木，高 1~2m。分枝开展，皮灰褐色；枝较长，当年生枝明显伸出株丛外，顶端具叶或花，无刺。叶具短柄，叶片灰绿色，长圆状椭圆形或长圆状倒卵形，长 1~3cm，宽 5~12mm，先端钝状渐尖或圆钝，基部楔形渐窄成柄，全缘或稍有牙齿，两面无毛，背面网状脉不明显；托叶鞘筒状，膜质。总状花序生于当年枝的顶端，花稀疏；花淡红色具白色边缘或白色，花被片 5，排成 2 轮，外轮 2 片比较小，近圆形，果期反折，内轮 3 片果期增大；花梗中部以下具关节。瘦果长卵形，具 3 棱，暗褐色，有光泽。花果期 5—8 月。

生　　境： 生于荒漠中的砾石戈壁、沙地、流水干沟、山地的石质山坡或砾石山坡，海拔 1100~1320m。

萹蓄 *Polygonum aviculare* L.

形态特征：一年生草本，高10~40cm。茎平卧或上升，自基部分枝。叶有极短柄或近无柄；叶片狭椭圆形或披针形，长1.5~3cm，宽5~10mm，顶端钝或急尖，基部楔形，全缘；托叶鞘膜质，下部褐色，上部白色透明，有不明显脉纹。花腋生，1~5朵簇生叶腋，遍布于全植株；花梗细而短，顶部有关节；花被5深裂，裂片椭圆形，绿色，边缘白色或淡红色；雄蕊8；花柱3。瘦果卵形，有3棱，黑色或褐色，无光泽。花期5—7月，果期6—8月。

生　　境：生于田边、路旁、水边湿地，海拔1100~3500m。

岩蓼 *Polygonum cognatum* Meissn.

形态特征：多年生草本，高达15cm。根粗壮。茎平卧，基部多分枝，高达15cm。叶椭圆形，长1~2cm，宽0.5~1.3cm，先端稍尖或圆钝，基部窄楔形，全缘，两面无毛；叶柄长2~5mm，基部具关节，托叶鞘薄膜质，白色，透明。花几遍生于植株，生于叶腋；苞片膜质，先端渐尖；花梗长1~3mm；花被5裂至中部，花被片卵形，绿色，边缘基部宽；花柱3，柱头头状。瘦果卵形，具3棱，长2.5~3mm，黑色，有光泽。花期6—8月，果期7—9月。

生　　境：生于山地的河谷草坡、河漫滩砂砾地、草原和高山草甸次生裸露地，海拔1400~3500m。

桃叶蓼 *Polygonum persicaria* L.

形态特征：一年生草本。茎直立或上升，分枝或不分枝，疏生柔毛或近无毛，高 40~80cm。叶披针形或椭圆形，长 4~15cm，宽 1~2.5cm，顶端渐尖或急尖，基部狭楔形，两面疏生短硬伏毛；托叶鞘筒状，膜质，长 1~2cm，疏生柔毛，顶端截形，缘毛长 1~3mm。总状花序呈穗状，顶生或腋生，较紧密；苞片漏斗状，紫红色，具缘毛，每苞内含 5~7 花；花梗长 2.5~3mm，花被通常 5 深裂，紫红色，花被片长圆形；雄蕊 6~7，花柱 2，偶 3。瘦果近圆形或卵形，双突镜状，稀具 3 棱，黑褐色，平滑，有光泽。花果期 6—9 月。

生　　境：生于河边、渠沟水边、河边沼泽、河滩草地，海拔 1100~1900m。

新疆蓼（展枝萹蓄）*Polygonum patulum* M. Bieb.

形态特征：一年生草本。茎直立，高 20~80cm，通常多分枝。叶披针形或狭披针形，长 1.5~5cm，宽 3~8mm，顶端急尖，基部狭窄；叶柄短或近无柄；托叶鞘筒状，膜质，长 7~9mm，下部褐色，上部白色，具 6~7 条脉，通常开裂。花着生于枝条上部的叶腋，组成细长的穗状花序；花梗细弱，长 1.5~2mm；花被 5 深裂，绿色，边缘淡红色，花被片椭圆形，长约 1.5mm；雄蕊 8，花丝基部扩展；花柱 3，较短，柱头头状。瘦果卵形，具 3 锐棱，长 2~3mm，褐色，密被小点，无光泽或微有光泽。花期 6—8 月，果期 8—9 月。

生　　境：生于水边、渠边、田边、荒地、盐碱地、沼泽、田间和山地草坡，海拔 1100~1400m。

珠芽蓼 *Polygonum viviparum* L.

形态特征：多年生草本，高10~40cm。根状茎肥厚，紫褐色。茎直立，不分枝，通常2~3，生于根状茎上。基生叶有长柄；叶矩圆形或披针形，长3~6cm，宽8~25mm，顶端急尖，基部圆形或楔形；茎生叶有短柄或近无柄，披针形，较小；托叶鞘筒状，膜质。花序穗状，顶生，中下部生珠芽；苞片宽卵形，膜质；花淡红色；花被5深裂，裂片宽椭圆形；雄蕊通常8；花柱3，基部合生。瘦果卵形，有3棱，深褐色，有光泽。花期5—7月，果期7—9月。

生　　境：生于高山和亚高山草甸、苔藓和岩石的冻土带，海拔1600~4630m。

水蓼（辣蓼）*Persicaria hydropiper* (L.) Spach.

形态特征：一年生草本，高20~80cm。茎直立或倾斜，多分枝，无毛。叶有短柄；叶片披针形，长4~7cm，宽5~15mm，顶端渐尖，基部楔形，全缘，通常两面有腺点；托叶鞘筒形，膜质，紫褐色，有睫毛。花序穗状，顶生或腋生，细长，下部间断；苞片钟形，疏生睫毛或无毛；花疏生，淡绿色或淡红色；花被5深裂，有腺点；雄蕊通常6；花柱2~3。瘦果卵形，扁平，少有3棱，有小点，暗褐色，稍有光泽。花果期7—9月。

生　　境：生于水边、河滩草地、沼泽草甸，海拔1100~1400m。

西伯利亚蓼 *Knorringia sibirica* (Laxm.) Tzvelev

形态特征：多年生草本，高达25cm。根茎细长。茎基部分枝，无毛。叶长椭圆形或披针形，长5~13cm，基部戟形或楔形，无毛；叶柄长0.8~1.5cm，托叶鞘筒状，膜质，无毛。圆锥状花序顶生，花稀疏，苞片漏斗状，无毛；花梗短，中上部具关节；花被5深裂，黄绿色，花被片长圆形，长约3mm；雄蕊7~8，花丝基部宽；花柱3，较短。瘦果卵形，具3棱，黑色，有光泽，包于宿存花被内或稍突出。花期6—7月，果期8—9月。

生　　境：生于路边、水边、山谷湿地、沙质盐碱地，海拔1100~2600m。

藜科 Chenopodiaceae

盐角草 *Salicornia europaea* L.

形态特征：一年生草本。茎直立，高达35cm，多分枝，枝肉质，绿色。叶鳞片状，长约1.5mm，先端锐尖，基部连成鞘状，具膜质边缘。花序穗状，长1~5cm，具短梗；每3花生于苞腋，中间1花较大，位于上方，两侧2花较小，位于下方。花被肉质，倒圆锥状，顶面平呈菱形；雄蕊伸出花被外，花药长圆形；子房卵形，具2钻状柱头。果皮膜质。种子长圆状卵形，直径约1.5mm，种皮革质，被钩状刺毛。花果期7—9月。

生　　境：生于盐湖边、盐化沼泽边、潮湿盐土等盐化低地草甸，海拔1200m左右。

尖叶盐爪爪 *Kalidium cuspidatum* (Ung.-Sternb.) Grub.

形态特征：矮小半灌木，高20~40cm。茎自基部分枝；枝近于直立，灰褐色，小枝黄绿色。叶片卵形，长1.5~3mm，宽1~1.5mm，顶端急尖，稍内弯，基部半抱茎，下延。花序穗状，生于枝条的上部，长5~15mm，直径2~3mm；花排列紧密，每1苞片内有3朵花；花被合生，上部扁平成盾状，盾片成长五角形，具狭窄的翅状边缘胞果近圆形。果皮膜质；种子近圆形，淡红褐色，直径约1mm，有乳头状小突起。花果期7—9月。

生　　境：生于荒漠及草原类型的盐碱地及盐湖边，海拔1500~2400m。

盐爪爪 *Kalidium foliatum* (Pall.) Moq.

形态特征：矮小半灌木，高20~50cm。茎直立或平卧，多分枝；枝灰褐色，小枝上部近于草质，黄绿色。叶片圆柱状一，伸展或稍弯，灰绿色，长4~10mm，宽2~3mm，顶端钝，基部下延，半抱茎。花序穗状，无柄，长8~15mm，直径3~4mm，每3朵花生于1鳞状苞片内；花被合生，上部扁平成盾状，盾片宽五角形，周围有狭窄的翅状边缘；雄蕊2。种子直立，近圆形，直径约1mm，密生乳头状小突起。花果期7—9月。

生　　境生于洪积扇扇缘地带及盐湖边的潮湿盐土、盐碱地、盐化沙地、砾石荒漠的低湿处和胡杨林下，海拔1500~2400m。

圆叶盐爪爪 *Kalidium schrenkianum* Bunge ex Ung.-Sternb.

形态特征：矮小半灌木，高 5~25cm。茎自基部分枝；枝外倾，灰褐色，有纵裂纹，小枝纤细，密集，带白色，易折断。叶片不发育，瘤状，顶端圆钝，基部半包茎，下延，小枝上的叶片基部狭窄，倒圆锥状。花序穗状，圆柱形，卵形或近球形，长 3~8mm，直径 1.5~3mm；每 3 朵花生于 1 苞片内；花被上部扁平成盾状，盾片五角形。种子近卵形，直径 0.7~1mm，种皮红褐色，密生乳头状小突起。花果期 7—8 月。
生　　境：生于山前倾斜平原上部、山间盆地、干旱山地、洪积扇砾石荒漠和沙砾石荒漠等，海拔 1500~2400m。

盐节木 *Halocnemum strobilaceum* (Pall.) M. Bieb.

形态特征：肉质矮小半灌木，高 20~40cm。茎自基部分枝；小枝对生，近直立，有关节，平滑，灰绿色，老枝近互生，木质，平卧或上升，灰褐色，枝上有对生的，缩短成芽状的短枝。叶对生，连合。花序穗状，长 0.5~1.5cm，直径 2~3mm，无柄，生于枝的上部，交互对生，每 3 朵花（极少为 2 朵花）生于 1 苞片内；花被片宽卵形，两侧的两片向内弯曲，花被呈倒三角形；雄蕊 1。种子卵形或圆形，直径 0.5~0.75mm，褐色，密生小突起。花果期 8—10 月。
生　　境：生于洪积扇扇缘低地、冲积平原、盐湖边等地的低洼潮湿盐土、强盐渍化结壳盐土、沙质盐土、盐沼地等，海拔 1100~1700m。

盐穗木 *Halostachys caspica* (M. B.) C. A. Mey.

形态特征：灌木，高 50~200cm。茎直立，多分枝；老枝通常无叶，小枝肉质，蓝绿色，有关节，密生小突起。叶鳞片状，对生，顶端尖，基部连合。花序穗状，交互对生，圆柱形，长 1.5~3cm，直径 2~3mm，花序柄有关节；花被倒卵形，顶部 3 浅裂，裂片内折；子房卵形；柱头 2，钻状，有小突起。胞果卵形，果皮膜质。种子卵形或矩圆状卵形，直径 6~7mm，红褐色，近平滑。花果期 7—9 月。
生　　境：生于冲积洪积扇扇缘地带、河流冲积平原及盐湖边的强盐渍化土、结皮盐土、龟裂盐土等，常与其他盐生植物形成盐土荒漠，海拔 1100~1500m。

驼绒藜 *Kracsheninnikovia ceratoides* (L.) Gueldenst.

形态特征：灌木或半灌木，植株高 0.1~1m。分枝多集中于下部，斜展或平展。叶较小，条形、条状披针形、披针形或矩圆形，长 1~2（5）cm，宽 0.2~0.5（1）cm，先端急尖或钝，基部渐狭、楔形或圆形，1 脉，有时近基处有 2 条侧脉，极稀为羽状。雄花序较短，长达 4cm，紧密。雌花管椭圆形，长 3~4mm，宽约 2mm；花管裂片角状，较长，其长为管长的 1/3 到等长。果直立，椭圆形，被毛。花果期 6—9 月。
生　　境：生于山前平原、低山干谷、山麓洪积扇、河谷阶地沙丘到山地草原阳坡的砾质荒漠、沙质荒漠及草原地带，海拔 1800~2500m。

垫状驼绒藜 *Krascheninnikovia compacta* (Losinsk.) Grubov

形态特征：矮小灌木，垫状，高 10~25cm。分枝短而密集。叶稠密，密被星状毛，叶片窄椭圆形或窄矩圆状倒卵形，长 1cm 左右，宽约 3mm；叶柄呈舟状，下部宿存。雄花花序短而密集，头状；雌花管上端具两个宽大的兔耳状裂片；裂片长几与管长相等或较管稍长，平展，果时管外密被短毛。果被毛。花果期 6—8 月。

生　　境：生于高原地带的山间谷地、砾石山坡。有时形成小块状的垫状驼绒藜高寒荒漠，海拔 3500~5000m。

心叶驼绒藜 *Krascheniwnikovia ewersmannia* (Stschegl. ex Losina-Losinskaj) Grubov

形态特征：灌木，植株高 1~1.5（2）m。分枝多集中于上部，通常长 40~60cm。叶柄短，叶片卵形或卵状矩圆形，长 2~3.5cm，宽 1~2cm，先端急尖或圆形，基部心脏形，具明显的羽状叶脉。雄花序细长而柔软。雌花管椭圆形，长 2~3mm，角状裂片粗短，其长为管长的 1/6~1/5，略向后弯，果时管外具 4 束长毛。果椭圆形，密被毛。种子直生，与果同形。胚马蹄形，胚根向下。花果期 7—9 月。

生　　境：常生于平原沙地、沙丘、撂荒地、砾石荒漠的沙堆、河间沙地、砾石洪积扇及石质坡地等，海拔 1100~2000m。

中亚滨藜 *Atriplex centralasiatica* Iljin

形态特征：一年生草本，高 15~50cm。茎常基部分枝；枝细瘦，钝四棱形，被粉粒。叶卵状三角形或菱状卵形，长 2~3cm，宽 1~2.5cm，具疏锯齿，先端微钝，基部圆或宽楔形，正面灰绿色，无粉粒或稍被粉粒，背面灰白色，密被粉粒；叶柄长 2~6mm。雌雄花混合成簇，腋生。雄花花被 5 深裂；雄蕊 5；雌花苞片半圆形，边缘下部合生，果时长 6~8mm，宽 0.7~1cm，近基部中心部膨胀并木质化，具多数疣状或软棘状附属物，缘部草质，具不等大三角状牙齿；苞柄长 1~3mm。种子宽卵形或圆形，直径 2~3mm，黄褐或红褐色。花果期 7—9 月。

生　　境：生于农区田间、平原盐土荒漠、盐碱荒地、湖边、砾质荒漠及山坡阳处，海拔 1100~2100m。

大苞滨藜 *Atriplex centralasiatica* var. *megalotheca* (Popov) G. L. Chu

形态特征：一年生草本，高 20~60cm。多分枝，分枝黄绿色，密生粉粒。叶互生，通常有短叶柄；叶片菱状卵形至近戟形，长 1.5~5cm，宽 1~3cm，先端钝或短渐尖，基部阔楔形，边缘通常有少数缺刻状锯齿，正面绿色，稍有粉粒，背面苍白色，密生粉粒。花多数，遍生叶腋，单性；雄花花被片 5；雄蕊 3~5；雌花无花被，有 2 个菱形合生的苞片，苞片果时较大，大多具长 1~3cm 的苞柄，缘部较宽阔，多呈 3 裂状，中裂片较两个侧裂片大，包围果实，通常背部密生疣状突起，上部边缘草质，有牙齿。胞果宽卵形或圆形，直径 2~3mm。种子扁平，棕色，光亮。花果期 7—9 月。

生　　境：生于盐湖边、河岸、荒地及砾石荒漠，海拔 1100m 左右。

西伯利亚滨藜 *Atriplex sibirica* L.

形态特征：一年生草本，高 20~50cm。茎通常自基部分枝，有粉。叶片卵状三角形至菱状卵形，长 3~5cm，宽 1.5~3cm，先端微钝，基部圆形或宽楔形，边缘具疏锯齿，近基部的 1 对齿较大而呈裂片状，正面灰绿色，无粉或稍有粉，背面灰白色，有密粉；叶柄长 3~6mm。团伞花序腋生；雄花花被 5 深裂；雄蕊 5；雌花的苞片连合成筒状，仅顶缘分离，果时膨胀，略呈倒卵形，木质化，表面具多数不规则的棘状突起，顶缘薄，牙齿状，基部楔形。胞果扁平，卵形或近圆形。种子直立，红褐色或黄褐色。花期 6—7 月，果期 7—9 月。
生　　境：喜生于农区撂荒地、平原荒漠、盐碱荒地、湖边、河岸、渠沿、沙地及固定沙丘等，海拔 1100~2800m。

沙蓬 *Agriophyllum squarrosum* (L.) Moq.

形态特征：一年生草本，高达 50cm。茎基部分枝，幼时密生树枝状毛。叶无柄，椭圆形或线状披针形，长 3~7cm，宽 0.5~1cm，先端渐尖，具针刺状小尖头，基部渐窄，具 3~9 条弧形纵脉。穗状花序遍生叶腋，圆卵形或椭圆形；苞片宽卵形，先端渐尖，下面密被毛。花被片 1~3，膜质；雄蕊 2~3。胞果圆卵形或椭圆形，果皮膜质，有毛，上部边缘具窄翅，果喙长 1~1.2mm，2 深裂，裂齿稍外弯，外侧各具 1 小齿突。种子黄褐色，无毛。花果期 7—10 月。
生　　境：生于流动沙丘背风坡、半固定沙丘和丘间沙地，海拔 1100~1400m。

倒披针叶虫实 *Corispermum lehmannianum* Bunge.

形态特征：一年生草本，高 10~40cm。茎直立，基部分枝；分枝斜上或外倾，圆柱形。叶倒披针形或窄椭圆形，长 2~3cm，宽 5~8mm。穗状花序细瘦，花稀疏；苞片披针形或窄卵形，开展，长 0.5~1.2cm，先端尖，基部圆，边缘膜质，较果窄。花被片 1，长圆形或梯形；雄蕊 1，花丝长于花被。胞果倒卵形或宽椭圆形，长 3.5~4mm，宽约 3mm，顶端圆，基部宽楔形，无毛，光滑，黄绿色，边翅明显，翅的边缘微波状，果喙粗短，三角状，喙尖 2，直立。花果期 5—7 月。

生　　境：生于半固定沙丘、沙地、干河床及沙质荒漠，海拔 1100~1300m。

蒙古虫实 *Corispermum mongolicum* Iljin

形态特征：一年生草本，高 10~35cm。茎被毛，自基部多分枝，下部枝平卧或上升，上部枝斜展。叶条形或倒披针形，长 1~2.5cm，宽 2~5mm，具 1 脉。穗状花序细长，长 3~15cm，稀疏；苞片条状披针形至卵形，被毛，具狭窄的膜质边缘，全部掩盖果实；花被片 1；雄蕊 1~5。果实广椭圆形，长 1.5~2.5（3）mm，宽 1~1.5mm，顶端近圆形，基部楔形，背部强烈突起，腹面凹入；果核与果同形，有光泽，有时具泡状突起，无毛；几无果翅，全缘。花果期 7—9 月。

生　　境：生于沙质荒漠、沙质土草原及固定沙丘，海拔 1100~1300m。

球花藜 *Chenopodium foliosum* (Moench) Aschers.

形态特征：一年生草本，高 30~60cm。茎多由基部分枝，直立或斜升，细瘦，浅绿色，平滑。茎下部叶三角状狭卵形，先端渐尖；茎上部和分枝上的叶披针形或卵状戟形。花两性兼雌性，密生于腋生短枝上形成球状或团伞花序；花被通常 3 深裂，果熟后变多汁并呈红色；雄蕊 1~3；柱头 2，略叉开。胞果扁球形。种子直立，直径约 1mm；胚半环形。花期 6—7 月，果期 8—9 月。
生　　境：生于河漫滩、山坡湿处、山地草甸、山地河谷，海拔 1100~2800m。

藜 *Chenopodium album* L.

形态特征：一年生草本，高 30~120（150）cm。茎直立，具绿色或紫红色色条。叶有长叶柄；叶片菱状卵形至宽披针形，长 3~6cm，宽 1~5cm。边缘常有不整齐的锯齿。花两性，数朵簇生，排列为腋生或顶生的穗状或圆锥花序；花被片 5，边缘膜质；雄蕊 5；柱头 2。胞果包于花被内。种子横生，双突镜状，直径 1.2~1.5mm，表面有浅沟纹，边缘钝。花果期 5—10 月。
生　　境：生于农田边、水渠边、荒地、河漫滩、洪积扇冲沟、山间河谷、山地草原、山地草甸等，海拔 1100~3000m。

香藜 *Chenopodium botrys* L.

形态特征：一年生草本，高 20~50cm，全株有头状腺毛和强烈气味。茎直立。叶片矩圆形，长 2~4cm，宽 1~2cm，边缘羽状深裂；上部叶较小，披针形，全缘；叶柄长 2~10mm。花两性，复二歧式聚伞花序腋生；花被裂片 5，矩圆形，边缘膜质，果时直立，包覆果实；雄蕊 1~3；柱头 2。胞果扁球形，果皮膜质，带白色。种子横生，黑色，有光泽。花期 7—8 月，果期 8—9 月。

生　　境：生于农田边、水渠旁、撂荒地、河岸、山间谷地、沙质坡地、干旱山坡、砾质荒漠及荒漠草原，海拔 1100~1900m。

灰绿藜 *Chenopodium glaucum* L.

形态特征：一年生小草本，高 10~35cm。茎自基部分枝；分枝平卧或上升，有绿色或紫红色条纹。叶矩圆状卵形至披针形，长 2~4cm，宽 6~20mm，先端急尖或钝，基部渐狭，边缘有波状牙齿，正面深绿色，背面灰白色或淡紫色，密生粉粒。花序穗状或复穗状，顶生或腋生；花两性和雌性；花被片 3 或 4，肥厚，基部合生；雄蕊 1~2。胞果伸出花被外，果皮薄，黄白色。种子横生，稀斜生，直径约 0.7mm，赤黑色或暗黑色。花果期 5—10 月。

生　　境：生于农田边、水渠沟旁、平原荒地或山间谷地等，海拔 1100~1400m。

圆头藜 *Chenopodium strictum* Roth

形态特征：一年生草本，高 20~50cm。茎直立或外倾，具条棱及绿色色条。叶片卵状矩圆形至矩圆形，通常长 1.5~3cm，宽 8~18mm，先端圆形或近圆形，有时有短突尖，基部宽楔形，正面近无粉，背面有密粉而带灰白色，边缘在基部以上具锯齿，齿向先端逐渐变小以至消失；叶柄细瘦，长为叶片长度的 1/2~1/3。花两性，花簇于枝上部排列成狭的有间断的穗状圆锥状花序；花被裂片 5，倒卵形，背面有微隆脊，边缘膜质；柱头 2，丝状，外弯。胞果顶基扁，果皮与种子贴生。种子扁卵形，宽约 1mm，黑色或黑红色，有光泽，表面略有浅沟纹，边缘具锐棱。花果期 7—9 月。

生　　境：生于平原荒地、河岸及山间谷地，海拔 1100~1400m。

木地肤 *Kochia prostrata* (L.) Schrad.

形态特征：半灌木，高 20~60（80）cm。根粗壮。基部的木质茎灰褐色或带黑褐色，通常多分枝；当年生枝通常稠密，淡黄褐色或淡红色，无色条。叶互生，又常数片聚集腋生短枝而呈簇生状，长 8~20mm，宽 1~1.5mm，条形，全缘无柄，两面有稀疏绢毛。花两性兼有雌性，通常 2~3 朵集生于叶腋，排列在当年生枝条的上部形成穗状花序；花被有密绢毛。花被片卵形或矩圆形，先端钝，内弯，果时变革质，背部具翅；翅膜质，具紫红色或黑褐色脉，边缘具不整齐的圆锯齿或为啮蚀状；花丝丝状，稍伸出花被外；柱头 2，丝状。胞果扁球形。种子横生，近球形，黑褐色，直径 1.5mm 左右。花期 7—8 月，果期 9 月。

生　　境：生于平原荒漠、洪积扇砾质荒漠、干旱山坡、荒漠草原、山地砾质山坡或前山丘陵，海拔 1100~2700m。

地肤 *Kochia scoparia* (L.) Schrad.

形态特征：一年生草本，高 0.5~1m。茎直立，基部分枝。叶扁平，线状披针形或披针形，长 2~5cm，宽 3~7mm，先端短渐尖，基部渐窄成短柄，常具 3 主脉。花两性兼有雌性，常 1~3 朵簇生上部叶腋；花被近球形，5 深裂，裂片近角形，翅状附属物角形或倒卵形，边缘微波状或具缺刻；雄蕊 5；柱头 2。胞果扁，果皮膜质，与种子贴伏。种子卵形或近圆形，直径 1.5~2mm，稍有光泽。花期 6—9 月，果期 7—10 月。

生　　境：生于农田边、渠边、荒地、冲积扇及山地河谷等，海拔 1100~1800m。

雾冰藜 *Bassia dasyphylla* (Fisch. & Mey.) O. Kuntze

形态特征：一年生草本，高 3~30（50）cm。茎直立，基部分枝，形成球形植物体，密被伸展长柔毛。叶圆柱状，稍肉质，长 0.5~1.5cm，直径 1~1.5mm，有毛。花 1（2）朵腋生，花下具念珠状毛束。花被果时顶基扁，花被片附属物钻状，长约 2mm，先端直伸，呈五角星状；雄蕊 5，花丝丝形，外伸；子房卵形，柱头 2，丝形，花柱很短。胞果卵圆形，褐色。种子近圆形，直径约 1.5mm，光滑，外胚乳粉质。花果期 7—10 月。

生　　境：生于半固定沙丘、固定沙丘、丘间凹地、沙地、撂荒地、河漫滩、湖边盐生荒漠、洪积扇砾质荒漠及干旱山坡，海拔 1100~2300m。

钩刺雾冰藜 *Bassia hyssopifolia* (Pall. O.) Kuntze

形态特征：一年生草本，高 20~80cm。茎直立，幼时密被灰白色卷曲长柔毛，分枝多或疏，植株中部分枝较长，斜举。叶扁平，线状披针形或倒披针形，长 1~2.5cm，宽 1~3mm，先端钝或急尖，基部渐窄，两面密被长柔毛或背面被毛。花 2~3 朵团集，腋生，于分枝和茎顶端组成紧密穗状花序。花被近球形，密被长柔毛，花被裂片宽卵形，先端微反折，果时在背面具 5 个钩状附属物。胞果褐色。种子圆卵形，光滑。花果期 7—9 月。
生　　境：生于河漫滩、河岸、农田边、荒地或盐碱荒漠等，海拔 1100~1500m。

肥叶碱蓬 *Suaeda kossinskyi* Iljin

形态特征：一年生草本，高 10~20cm。茎直立，自基部多分枝；枝平展或上升。叶极肥厚，有两种形态：生于茎和主枝上的叶条形，半圆柱状，长可达 1.5cm，宽约 2mm；生于侧枝上的狭倒卵形至倒卵形，略扁，长 3~4mm，宽 2~3mm。花两性兼雌性；团伞花序含 2~5 花，生于腋生短枝上及叶腋；花被片 5，近三角形，果时基部向四周延伸生出形状不规则的横翅；雄蕊 1~2 个发育；柱头 2。种子横生，圆形，扁平，种子红褐色至黑色，有光泽，表面略具网纹。花果期 8—10 月。
生　　境：生于潮湿盐碱化土壤及盐化湿沙地，海拔 1100~1200m。

平卧碱蓬 *Suaeda prostrata* Pall.

形态特征：一年生草本，高 20~50cm。茎平卧或斜升，基部稍木质化，并自基部分枝，上部的分枝近平展。叶条形，半圆柱状，长 5~15mm，宽 1~1.5mm，侧枝上的叶较短。团伞花序腋生，含花 2 至数朵；花两性，花被片果时增厚呈兜状，基部伸出不规则的翅状或舌状突起；花药宽矩圆形或近圆形，长约 0.2mm。种子双突镜形或扁卵形，黑色，稍有光泽，表面有蜂窝状点纹。花果期 7—10 月。

生　　境：生于强盐碱地或湖边，海拔 1100~1200m。

星花碱蓬 *Suaeda stellatiflora* G. L. Chu

形态特征：一年生草本，高 20~80cm。茎平卧或外倾，圆柱形，有微条棱，通常多分枝；枝平展或斜伸。叶条形，半圆柱状，长 0.5~1cm，宽约 1mm，先端急尖或钝，具芒尖，茎上部和枝上的叶披针形至卵形。团伞花序腋生，通常含花 2~5 朵；花被 5 深裂，花被片果时背面的基部增厚呈翅；翅钝三角形，近等大，彼此的衔接呈五角星形，总直径不超过 2mm；雄蕊不伸出花被外，直径约 2.5mm；柱头 2。种子横生。种子表面具点纹。花果期 7—9 月。

生　　境：生于盐碱荒地、盐化草甸、盐土荒漠湖边、河渠岸边及丘间低地等处，海拔 1100~1200m。

无叶假木贼 *Anabasis aphylla* L.

形态特征：矮小半灌木，高 15~35cm，少数可达 50cm。木质茎分枝，小枝黄灰色或灰白色，幼枝绿色，分枝或不分枝，通常直立或斜上，圆柱状。叶极不明显，退化成宽三角形的鳞片状，先端钝或尖。花小，1~3 朵生叶腋，在枝顶形成较疏散的穗状花序；外轮 3 个花被片果时生翅；翅直立，膜质，肾形或圆形，淡黄色或粉红色；内轮 2 个花被片无翅或具较小的翅；花盘裂片条形，顶端篦齿状。胞果直立，近圆球形，暗红色。花期 8—9 月，果期 9—10 月。

生　　境：生于广大平原地区、山麓洪积扇和低山干旱山坡的砾质荒漠及干旱盐化荒漠，海拔 1100~1900m。

短叶假木贼 *Anabasis brevifolia* C. A. Mey.

形态特征：矮小半灌木，高达 20cm。木质茎极多分枝，呈丛生状；小枝灰白色；当年生枝黄绿色，大多成对生于小枝顶端，具 4~8 节间，不分枝或稍分枝。叶半圆柱状，长 3~8mm。花单生叶腋，有时 2~4 花簇生短枝；小苞片短于叶。花被片卵形，长约 2.5mm；翅状附属物杏黄色或紫红色，稀暗褐色，外轮 3 个花被片的翅肾形或近圆形，内轮 2 个花被片的翅圆形或倒卵形；花盘裂片半圆形，带橙黄色。胞果黄褐色。花期 7—8 月，果期 8—10 月。

生　　境：生于洪积扇和山间谷地的砾质荒漠、低山草原化荒漠，海拔 1100~1700m。

合头草（合头藜）*Sympegma regelii* Bunge

形态特征：直立半灌木，高 20~70cm。多分枝；老枝灰褐色；当年生枝灰绿色。叶互生，圆柱形，长 4~10mm，直径 1~2mm，先端略尖，基部缢缩，灰绿色，肉质。花两性，常 3~4 朵集聚成顶生或腋生的小头状花序；花被片 5，草质，边缘膜质，果期变坚硬且自近顶端生横翅；翅膜质，宽卵形至近圆形，大小不等，黄褐色；雄蕊 5，花药矩圆状卵形，顶端有点状附属物；柱头 2。胞果扁圆形；果皮淡黄色。种子直立，直径 1~1.2mm。花果期 7—10 月。

生　　境：生于洪积扇和山间谷地的砾质荒漠、低山草原化荒漠，海拔 1200~2900m。

白茎盐生草 *Halogeton arachnoideus* Moq.

形态特征：一年生草本，高 10~40cm。茎直立，自基部分枝；枝互生，灰白色，幼时生蛛丝状毛（后期毛脱落）。叶肉质，圆柱形，长 3~10mm，宽 1.5~2mm，顶端钝，有时有小短尖。花通常 2~3 朵聚生叶腋；花被片膜质，背面有 1 条粗壮脉，果时背面近顶端生翅；翅半圆形，近等大，膜质透明，具多数脉；雄蕊 5；花药顶端无附属物；柱头 2。种子横生。花果期 7—8 月。

生　　境：生于沙丘、沙地、荒地、砾质荒漠、河滩及河谷阶地等，海拔 1100~1700m。

盐生草 *Halogeton glomeratus* (Bieb.) C. A. Mey.

形态特征：一年生草本，高 5~30cm。茎直立，多分枝；枝互生，基部的枝近于对生，无毛，无乳头状小突起，灰绿色。叶互生，叶片圆柱形，长 4~12mm，宽 1.5~2mm，顶端有长刺毛，有时长刺毛脱落。花腋生，通常 4~6 朵聚集成团伞花序，遍布于植株；花被片披针形，膜质，背面有 1 条粗脉，果时自背面近顶部生翅；翅半圆形，膜质，大小近相等，有多数明显的脉，有时翅不发育而花被增厚成革质；雄蕊通常为 2。种子直立，圆形。花果期 7—9 月。

生　　境：生于洪积扇及平原砾质荒漠，海拔 1100~2300m。

戈壁藜 *Iljinia regelii* (Bunge) Korovin

形态特征：半灌木，高 20~50cm。茎多分枝，老枝灰白色；当年生枝灰绿色，圆柱形，具微棱。叶肉质，近棍棒状，先端钝，基部下延，长 5~15mm，宽 1.5~2.5mm，直或稍向上弧曲，叶腋具绵毛。花无柄，单生叶腋；小苞片背面中部肥厚并隆起，具膜质边缘；花被片背面的翅半圆形，全缘或有缺刻；雄蕊 5，花药先端具细尖状附属物，子房平滑无毛，柱头内侧有颗粒状突起。胞果半球形，果皮稍肉质，黑褐色。种子横生，黄褐色。花果期 7—9 月。

生　　境：生于山前洪积扇砾石荒漠，在盐生荒漠、河漫滩沙地及干旱山坡也有少数出现，海拔 1100~1600m。

天山猪毛菜 *Salsola junatovii* Botsch.

形态特征：半灌木，高 20~70cm。木质老枝灰褐色；小枝较长，上部草质，绿色，下部近木质，乳白色或淡黄白色，有小点或近平滑。老枝及小枝上的叶全互生，半圆柱形，长 1~2.5cm，宽 0.5~2mm，呈镰状微内弯，顶端稍膨大，钝圆或有小尖，基部扩展，微下延，扩展处的上部缢缩成柄状，叶片在此脱落，仅存留叶基残痕于枝上。花序穗状，再形成圆锥状花序；苞片叶状；小苞片宽三角形，淡绿色，边缘膜质，淡黄绿色；花被片 5，长卵形，果时自背面中下部生翅；翅膜质，棕褐色，3 翅较大，半圆形，2 翅较小，矩圆形；翅以上的花被片聚集成较长的圆锥体；柱头钻状，长为花柱的 2~3 倍。种子横生。花期 8—9 月，果期 8—10 月。

生　　境：生于砾石洪积扇、山间盆地及干旱山坡，海拔 1700~2200m。

刺沙蓬 *Salsola tragus* L.

形态特征：一年生草本，高达 1m。茎直立，基部多分枝，常被短硬毛及色条。叶半圆柱形或圆柱形，长 1.5~4cm，直径 1~1.5mm，先端具短刺尖，基部宽，具膜质边缘。花着生于枝条上部组成穗状花序；苞片窄卵形，先端锐尖，基部边缘膜质；小苞片卵形。花被片窄卵形，膜质，无毛，1 脉，果时变硬，外轮花被片的翅状附属物肾形或倒卵形；内轮花被片的翅状附属物窄，附属物直径 0.7~1cm，花被片翅以上部分近革质，向中央聚集，先端膜质；柱头丝状，长为花柱 3~4 倍。种子横生，直径约 2mm。花期 8—9 月，果期 9—10 月。

生　　境：生于平原盐生荒漠、琵琶柴荒漠、蒿属荒漠、洪积扇砾质荒漠的小沙堆及河漫滩沙地，海拔 1100~2700m。

猪毛菜 *Salsola collina* Pall.

形态特征：一年生草本，高达 1m，疏生短硬毛。茎直立，基部分枝，具绿色或紫红色条纹；枝伸展，生短硬毛或近无毛。叶圆柱状，条形，长 2~5cm，宽 0.5~1.5mm，先端具刺尖，基部稍宽并具膜质边缘，下延。花单生于枝上部苞腋，组成穗状花序；苞片卵形，紧贴于轴，先端渐尖，背面具微隆脊，小苞片窄披针形；花被片卵状披针形，膜质，果时硬化，背面的附属物呈鸡冠状，花被片附属物以上部分近革质，内折，先端膜质；花药长 1~1.5mm，柱头丝状，花柱很短。种子横生或斜生。花期 7—9 月，果期 9—10 月。

生　　境：生于农田边、撂荒地、沙地、砾质荒漠或阳坡干旱草地，海拔 1100~2550m。

蒿叶猪毛菜 *Salsola abrotanoides* Bunge

形态特征：匍匐状半灌木，高 15~30cm，少数可达 40cm。老枝木质，灰褐色，有纵裂纹；一年生枝草质，密集，黄绿色，有细条棱，密生小突起，粗糙。叶半圆柱状，互生，老枝之叶簇生短枝顶端，长 1~2cm，宽 1~2mm，先端钝或有小尖头，基部宽并缢缩。花常单生叶腋，在小枝上组成稀疏穗状花序；小苞片窄卵形，短于花被；花被片卵形，稍肉质，先端钝，翅状附属物黄褐色，3 个较大，半圆形，2 个倒卵形，果实直径 5~7mm，花被片翅上部分稍肉质，先端钝，贴向果；花药附属物极小；柱头钻状，长为花柱 2 倍。种子横生。花果期 7—8 月，果期 8—9 月。

生　　境：生于干旱山坡、山麓洪积扇砾石荒漠及砾石河滩，海拔 1900~3500m。

苋科 Amaranthaceae

凹头苋 *Amaranthus lividus* L.

形态特征：一年生草本，高达30cm，全株无毛。茎伏卧上升，基部分枝。叶卵形或菱状卵形，长1.5~4.5cm，先端凹缺，具芒尖，或不明显，基部宽楔形，全缘或稍波状；叶柄长1~3.5cm。花簇腋生，生于茎端及枝端者呈直立穗状或圆锥花序；苞片长圆形。花被片3，长圆形或披针形，淡绿色，背部具隆起中脉；柱头3（2）。胞果扁卵形，长3mm，不裂，近平滑，露出宿存花被片。种子圆形，黑色或黑褐色，具环状边。花期7—8月，果期8—9月。

生　　境：生于田野、宅旁的杂草地上，海拔1100~1200m。

反枝苋 *Amaranthus retroflexus* L.

形态特征：一年生草本，高20~80cm。茎密被柔毛。叶菱状卵形或椭圆状卵形，长5~12cm，先端锐尖或尖凹，具小突尖，基部楔形，全缘或波状，两面及边缘被柔毛，背面毛较密；叶柄长1.5~5.5cm，被柔毛。穗状圆锥花序，直径2~4cm，顶生花穗较侧生者长；苞片钻形，长4~6mm。花被片5，长圆形或长圆状倒卵形，具突尖；雄蕊5；柱头3（2）。胞果扁卵形，长约1.5mm，环状横裂，包在宿存花被片内。种子近球形。花期7—8月，果期8—9月。

生　　境：生于农田、荒地干山坡，为农田常见杂草，海拔1100~1200m。

马齿苋科 Portulacaceae

马齿苋 *Portulaca oleracea* L.

形态特征：一年生草本，通常匍匐，肉质，无毛。茎带紫色。叶楔状矩圆形或倒卵形，长 10~25mm，宽 5~15mm。花 3~5 朵生枝顶端，直径 3~4mm，无梗；苞片 4~5，膜质；萼片 2；花瓣 5，黄色；子房半下位，1 室，柱头 4~6 裂。蒴果圆锥形，盖裂。种子多数，肾状卵形，直径不及 1mm，黑色，有小疣状突起。花期 5—8 月，果期 6—9 月。

生　　境：生于田间、路旁、菜园，为习见田间杂草，海拔 1100~1500m。

石竹科 Caryophyllaceae

原野卷耳（田野卷耳）*Cerastium arvense* L.

形态特征：多年生草本，高 10~30cm。茎疏丛生，基部匍匐，上部直立，绿带淡紫红色，下部被向下侧毛，上部兼有腺毛。叶线状披针形，长 1~2.5cm，宽 1.5~4mm，基部楔形，抱茎，疏被柔毛。聚伞花序具 3~7 花；苞片披针形，被柔毛；花梗长 1~1.5cm，密被白色腺毛；萼片披针形，长约 6mm，密被长柔毛；花瓣倒卵形，2 裂达 1/4~1/3；花柱 5。蒴果圆筒形，具 10 齿。种子多数，褐色，肾形，稍扁，具小瘤。花期 5—7 月，果期 7—8 月。

生　　境：生于阴湿山地草甸、亚高山草甸及高山草甸，海拔 1100~2800m。

六齿卷耳 *Cerastium cerastoides* (L.) Britt.

形态特征：多年生草本，高 5~20cm。茎丛生，基部稍匍匐，上部分枝，被短柔毛，外倾或上升。叶线状披针形，长 0.8~2cm，宽 1.5~2（3）mm，先端渐尖。聚伞花序具 3（1）~7 花；苞片草质，披针形。花梗长 1.5~2cm，被腺毛，果时下弯；萼片宽披针形，长 4~6（7）mm，边缘膜质；花瓣倒卵形，长 0.8~1.2cm，先端 2 浅裂至 1/4；雄蕊 10；花柱 3。蒴果圆筒形，长 1~1.2cm，6 齿裂。种子圆肾形，具小疣。花果期 6—9 月。

生　　境：生于高山及亚高山草甸，海拔 2000~4700m。

薄蒴草 *Lepyrodiclis holosteoides* (C. A. Mey.) Fisch. & C. A. Mey.

形态特征：一年生草本，高达 1m，全株被腺毛。茎具纵纹。叶线状披针形，长 3~7cm，宽 2~5（10）mm，正面被柔毛，沿中脉较密，边缘具腺柔毛。圆锥状聚伞花序顶生或腋生，苞片披针形或线状披针形，草质。花梗细，长 1~2（3）cm，密被腺柔毛；萼片 5，线状披针形，长 4~5mm，疏被腺柔毛；花瓣 5，宽倒卵形，与萼片近等长或稍长，全缘；雄蕊 10；花柱 2。蒴果卵圆形，短于宿萼，2 瓣裂。种子红褐色，扁卵形，具突起。花期 6—7 月，果期 7—8 月。

生　　境：生于山坡草地、田间或荒地，海拔 1200~2700m。

麦瓶草（米瓦罐）*Silene conoidea* L.

形态特征：一年生草本，高 25~60cm，全株被短腺毛。主根细长，具细侧根。茎直立，单生，叉状分枝。基生叶匙形；茎生叶矩圆形或披针形，长 5~8cm，宽 5~10mm，被腺毛。聚伞花序顶生，少花；萼长 2~3cm，开花时呈筒状，果时下部膨大，呈卵形，具 30 条显著的脉；花瓣 5，倒卵形，粉红色，喉部具副花冠；雄蕊 10；花柱 3。蒴果卵形，有光泽，具宿存萼，中部以上变细。种子多数，螺卷状，具成行的瘤状突起。花期 4—6 月，果期 5—7 月。

生　　境：生于山坡草地、田间或荒地，海拔 1100~2700m。

蔓茎蝇子草（匍生蝇子草）*Silene repens* Patr.

形态特征：多年生草本，高 15~50cm，全株有细柔毛。根状茎长蔓状，匍匐地面上。茎少数，簇生或基部略匍匐，上部直立，花期后自叶腋常生出无花的短枝。叶条状披针形，长 2~7cm，宽 2~7mm。聚伞花序顶生或近枝端腋生；花梗长 3~5mm；萼筒长 1.2~1.5cm，直径 3~5mm，棍棒形，外面密生柔毛；花瓣 5，白色，基部有长爪，瓣片顶端 2 深裂，喉部有 2 小鳞片；雄蕊 10；子房矩圆形，无毛，花柱 5，丝形，子房柄长约 7mm，密生茸毛。蒴果卵状矩圆形，有多数种子。种子肾形，有细纹。花期 6—9 月，果期 7—9 月。

生　　境：生于河岸、山坡草地、湿草甸子、湖边的固定沙丘、草原或多石砾干山坡，海拔 1500~3500m。

喜马拉雅蝇子草 *Silene himalayensis* (Rohrb.) Majumdar

形态特征：多年生草本。茎簇生，高10~30cm，不分枝，密生白柔毛，有时具黑色柔毛。茎生叶和茎下部叶长圆状卵形至线状披针形，基部渐狭成长柄，长3~5cm，宽5~10mm，表面近无毛或疏生柔毛，背面密生柔毛。花单生枝端，或2~3朵簇生；苞片叶质，线状披针形；花梗长2~5cm，有时长至8cm，密生腺柔毛；花萼筒状，先端5钝裂；花瓣片广椭圆形，裂至1/2，呈圆形裂片，喉部以上为紫色，下部为白色，花瓣长12~13mm，基部爪状；子房长圆形，花柱5。蒴果10裂。种子圆形或肾形，褐色，边缘具狭翅。花期6—7月，果期8—9月。

生　　境：生于砾石山坡草地及高山草地，海拔2400~5200m。

准噶尔蝇子草 *Silene songarica* (Fisch., C. A. Mey. & Avé-Lall.) Bocquet

形态特征：多年生草本，高15~60cm，全株密被长柔毛。茎丛生，直立，不分枝。基生叶叶片狭披针形，长3~9cm，宽3~10mm，基部渐狭成柄状，顶端渐尖，边缘具缘毛，中脉明显；茎生叶3~5对，叶片线状披针形，无柄。总状花序常具2~6花，稀更多；花直立或俯垂，花梗长5~15mm；苞片线状披针形；花萼狭钟形，密被短柔毛和稀疏腺毛，萼齿三角形；花瓣白色或淡红色，与花萼等长或微露出花萼，长11~13mm，爪倒披针形；雄蕊内藏，花丝无毛；花柱5。蒴果10齿裂。种子肾形，暗褐色，脊厚，具小瘤。花期6—7月，果期7—8月。

生　　境：生于干草原、阳坡草甸或高山草甸，海拔2500~3500m。

膜苞石头花 *Gypsophila cephalotes* (Schrenk) Williams

形态特征：多年生草本。根粗壮，直径3~15mm。茎少数，高10~50cm，无毛或仅花序上部被腺毛。叶长3~6cm，宽3~8mm，长圆状线形或倒长圆形，尖端稍钝，叶片具有3~5条脉，基生叶渐狭成短柄状。花聚生茎顶，呈非常致密的头状花序；苞片膜质；总花梗长0.5~2.5mm；萼钟状，无毛，多裂至中部，萼齿卵圆形，边缘膜质；花瓣白色，长于花萼1.5~2倍，长圆状倒卵形，全缘。蒴果近球形。种子长达1.5mm，具疣状突起。花期6—7月，果期7—9月。

生　　境：生于高山草甸或河谷草甸，海拔1550~4350m。

光萼繁缕 *Stellaria kotschyana* Fenzl. ex Boiss.

形态特征：多年生草本。根状茎甚粗，匍匐生根，茎高30~45cm，粗而质硬，2叉分枝，密集成圆锥状，被小而卷曲的短柔毛。叶披针形或椭圆状披针形，长1.5~2.5cm，宽约5mm。多花的聚伞花序呈圆锥状；瓣片小，近无毛，萼片5，近无毛；卵圆状披针形，长4~5mm，宽约1.5mm；花瓣5，白色，倒卵形，与萼长相等，2裂深达2/3；雄蕊10；子房球状，花柱2。蒴果4齿裂。2枚大的种子长达3mm，有小的疣状突起。花果期5—7月。

生　　境：生于山地石质山坡，海拔1400~1600m。

裸果木科 Paronychiaceae

裸果木 *Gymnocarpos przewalskii* Bunge ex Maxim.

形态特征： 半灌木，分枝多曲折，高 20~30cm。老枝灰色，幼枝红褐色，节间膨大。托叶卵状披针形，膜质；叶钻形，对生或小枝短缩而簇生，长 5~17mm，宽 1~1.5mm，顶端锐尖。花单生于叶腋或集成短聚伞花序；苞片膜质透明，卵圆形，长 5~9mm；小萼片 5，倒披针形或条形，先端钝，长约 1.5mm，边缘膜质，外面被短柔毛；雄蕊 10，生于肉质花盘上；子房近球形，或矩圆形，胚珠基生。瘦果。种子 1 枚。花期 5—6 月，果期 7—8 月。

生　　境： 生于荒漠或石砾山坡，海拔 1100~3100m。

毛茛科 Ranunculaceae

帕米尔翠雀花 *Delphinium lacostei* Danguy

形态特征： 多年生草本，茎高 10~35cm，与叶柄被稍密的白色短柔毛，上部分枝。叶基生或集生在茎近基部处；叶片圆心形，3 裂达中部或 3 深裂稍超过叶片的中部，侧裂片斜扇形，边缘有稍钝的齿，背面有稀疏柔毛；叶柄长 5~14cm。伞房状花序稀疏，2~5 朵花；花序轴被稍密的白色柔毛；下部苞片 3 裂，长 8~12mm，背面有柔毛；花梗向上斜展，被密的白色柔毛；小苞片线状披针形或线形；萼片蓝色，椭圆形，外面密被贴伏的细长柔毛，距囊状圆锥形，短于萼片；花瓣褐色，仅在上部有稀疏柔毛。退化雄蕊淡褐色，长 2~2.5cm，宽 2.5~3mm，顶端 2 浅裂，腹面有淡黄色髯毛；雄蕊无毛；心皮 4，密被柔毛。花果期 6—8 月。

生　　境： 生于帕米尔山坡草地，海拔 4300m。

高山唐松草 *Thalictrum alpinum* L.

形态特征：多年生小草本，高 8~20cm，全株无毛。须根多数。叶基生 4~5 或更多，长 2~8.5cm，为二回三出近羽状复叶；小叶近革质，宽倒卵形或近圆形，长达 1cm，3 浅裂，疏生圆齿，背面被白粉，脉两面隆起。花莛高 4.5~20cm；总状花序狭长；苞片小，卵形或狭卵形；花梗向下弧状弯曲；花直径 5~7mm；萼片 4，绿白色，卵形，长 2~3mm；无花瓣；花药具短尖，花丝丝形；心皮 3~5，柱头箭头形。瘦果狭卵形，长约 3mm。花果期 6—8 月。

生　　境：生于高山和亚高山草甸，海拔 3000m 以上。

腺毛唐松草 *Thalictrum foetidum* L.

形态特征：多年生草本，植株高 15~70cm，密被腺毛。根状茎短，须根密集。三回近羽状复叶，小叶草质，顶生小叶菱状宽卵型或卵型，基部圆楔形或圆形，有时浅心形，3 浅裂。圆锥花序有少数或多数花；花梗细；萼片 5，淡黄绿色；花药狭长圆形，顶端有短尖，花丝上部狭线形，下部丝形；柱头三角状箭头形。瘦果半倒卵形，扁平，有 8 条纵肋，柱头宿存。花期 6—7 月，果期 7—8 月。

生　　境：生于山地阳坡草地及灌丛中，海拔 1800~2100m。

淡紫金莲花 *Trollius lilacinus* Bunge

形态特征：多年生草本，无毛。茎高10~28cm，不分枝。基生叶3~6，具长柄；叶片五角形，长1.8~2.5cm，宽2.8~4cm，3全裂，中央全裂片菱形，3裂近中部，二回裂片具少数小裂片和锐牙齿，侧面全裂片不等地2深裂；茎生叶2。花单个，顶生；萼片淡紫色或近白色，15~18，倒卵形或椭圆形，长1.2~1.6cm，宽0.6~1.4cm；花瓣比雄蕊稍短，宽条形，长5~6mm，宽1.2~1.5mm，顶端钝或圆形；雄蕊多数，长5~7mm；心皮6~11。蓇葖果长约1.2cm，宽约2mm。种子椭圆球形，长约1mm。花期7—8月，果期8—9月。

生　　境：生于高山草甸和山坡草地，海拔2600~3500m。

疏齿银莲花 *Anemone obtusiloba* D. Don

形态特征：多年生小草本，高5~18cm。根茎粗壮，垂直。基生叶5~10，具长柄；叶宽卵形，长0.8~2.2（3.2）cm，基部心形，3全裂，中裂片宽菱形或菱状倒卵形，常3浅裂，疏生齿，侧裂片较小，具3齿，两面被柔毛。花莛1~5；苞片3，无柄，窄倒卵形，长0.7~1.7（2）cm，3裂或不裂。花梗长1.2~11cm；萼片5，白色、黄色或蓝色，倒卵形，长5~9（11）mm；雄蕊多数；心皮20~30，子房密被柔毛，花柱短。瘦果窄卵球形，长约5mm。花果期6—8月。

生　　境：生于高山草甸、山坡草地及高山砾质坡地，海拔3200~4200m。

蒙古白头翁 *Pulsatilla ambigua* Turcz.

形态特征： 多年生草本，高 6~18cm。基生叶 6~8，具长柄；叶卵形，长 2~3.2cm，宽 1.2~3.2cm，3 全裂，羽片 3 对，末回裂片窄披针形，宽 0.8~1.5mm，正面近无毛，背面疏被长柔毛。苞片 3，长 2.2~2.8cm，基部连成长约 2mm 短筒，裂片披针形或线状披针形；花梗长约 4cm；花直立；萼片紫色，长圆状卵形，长 2.2~2.8cm；雄蕊长约萼片之半。瘦果卵圆形或纺锤形，被长柔毛，宿存花柱长 2.5~3cm，下部被向上斜展长柔毛，上部被近平伏短柔毛。花期 5—6 月，果期 6—7 月。

生　　境： 生于山坡草地，海拔 2600~3800m。

钟萼白头翁 *Pulsatilla campanella* Fisch.

形态特征： 多年生草本。植株开花时高 14~20cm，结果时高达 40cm。根状茎粗 2.5~4mm。基生叶 5~8，有长柄，为三回羽状复叶；叶片卵形或狭卵形，长 2.8~6cm，宽 2~3.5cm，羽片 3 对，末回裂片狭披针形或狭卵形，表面近无毛，背面有疏柔毛。总苞长约 1.8cm，筒长约 2mm，苞片 3 深裂，深裂片狭披针形，不分裂或有 3 小裂片；花梗长 2.5~4.5cm；花稍下垂；萼片紫褐色，椭圆状卵形或卵形，长 1.4~1.9cm。聚合果直径约 5cm；瘦果纺锤形，有长柔毛，宿存花柱长 1.5~2.4cm，下部密被开展的长柔毛，上部有贴伏的短柔毛。花期 5—6 月，果期 6—7 月。

生　　境： 生于山地阳坡草地，海拔 1800~3700m。

准噶尔铁线莲 *Clematis songorica* Bunge

形态特征：直立半灌木或多年生草本。茎高达 1.5m；枝节疏被毛。单叶，薄革质，线形、线状披针形或披针形，长 2~8cm，基部渐窄，全缘或疏生小齿，两面无毛；叶柄长 0.5~2cm。花序顶生并腋生，少花至多花；苞片叶状；花梗长 1~3.5cm，无毛萼片 4（6），白色，平展，长圆状倒卵形，长 0.5~1.5cm，被短柔毛或近无毛，边缘被茸毛；花药窄长圆形，长 2.6（2）~4mm，顶端钝。瘦果卵圆形，长 2.5~3.5mm；宿存花柱长 1.4~2.6cm，羽毛状。花果期 6—8 月。

生　　境：生于荒漠低山麓前洪积扇、石砾质冲积堆以及荒漠河岸，海拔 1100~2500m。

甘青铁线莲 *Clematis tangutica* (Maxim.) Korsh.

形态特征：木质藤本，在荒漠地区呈矮小灌木状。一至二回羽状复叶；小叶菱状卵形或窄卵形，长 1~6cm，两面脉疏被柔毛；叶柄长 2~6cm。花单生枝顶，或 1~3 朵组成腋生花序，花序梗长 0.3~3cm；苞片似小叶。花梗长 3.5~16.5cm；萼片 4，黄色，具时带紫色，窄卵形或长圆形，长 1.5~4cm，顶端常骤尖，疏被柔毛，边缘被柔毛；花丝被柔毛，花药窄长圆形，顶端具不明显小尖头。瘦果菱状倒卵圆形，被毛；宿存花柱长达 5cm。花期 6—9 月，果期 9—10 月。

生　　境：生于山地河谷和河漫滩，海拔 2100~3800m。

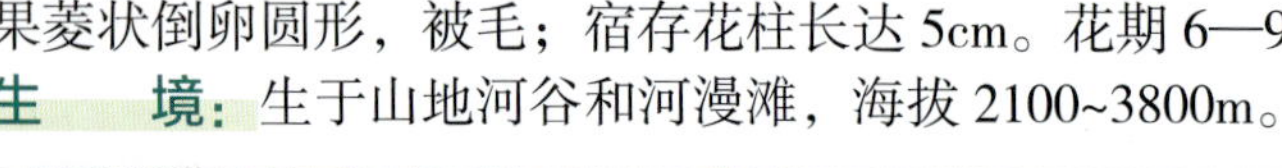

粉绿铁线莲 *Clematis glauca* Willd.

形态特征：草质藤本。茎纤细，有棱。一至二回羽状复叶；小叶有柄，2~3 全裂或深裂、浅裂至不裂，中间裂片较大，椭圆形、长圆形或长卵形，基部圆形或圆楔形。常为单聚伞花序，3 花；苞片叶状，全缘或 2~3 裂；萼片 4，黄色或外面基部带紫红色，长椭圆状卵形，顶端渐尖，长 1.3~2cm，宽 5~8mm，除外面边缘有短茸毛外，其余无毛。瘦果卵形至倒卵形，宿存花柱长 4cm。花期 6—7 月，果期 8—10 月。

生　　境：生于山地灌丛、平原河漫滩、城郊、田间及荒地，海拔 1700~2500m。

东方铁线莲 *Clematis orientalis* L.

形态特征：草质藤本。茎纤细，有棱。一至二回羽状复叶；小叶有柄，2~3 全裂或深裂、浅裂至不裂，中间裂片较大，长卵形、卵状披针形或线状披针形，基部圆形或圆楔形，全缘或基部有 1~2 浅裂，两侧裂片较小。圆锥状聚伞花序或单聚伞花序，多花或少至 3 花；苞片叶状，全缘；萼片 4，黄色、淡黄色或外面带紫红色，披针形或长椭圆形，内外两面有柔毛，外面边缘有短茸毛。瘦果卵形、椭圆状卵形至倒卵形，宿存花柱被长柔毛。花期 6—7 月，果期 8—9 月。

生　　境：生于河漫滩，沟旁及田边，海拔 1100~2000m。

厚叶美花草 *Callianthemum alatavicum* Freyn

形态特征：多年生草本，全植株无毛。茎渐升或近直立，长达 18cm。基生叶 3~4，具柄，三回羽状复叶；叶亚革质，窄卵形或卵状窄长圆形，长 3.7~8.8cm，羽片 4~5 对，小裂片楔状倒卵形；茎生叶 2~3。花梗长 1~1.3cm，宿存花柱长 3.5~4mm，直径 1.7~2.5cm。萼片椭圆形，长 0.7~1cm；花瓣 5~7，白色，基部橙色，倒卵形或宽倒卵形，长 0.9~1.4cm；雄蕊长约花瓣之半。聚合果近球形，长 3.5~4mm。花果期 6—8 月。

生　　境：生于高山草甸和河谷草甸，海拔 3000m 以上。

天山毛茛 *Ranunculus popovii* Ovcz.

形态特征：多年生草本。茎高达 12cm，密被淡黄色柔毛。基生叶约 4，叶五角形或宽卵形，长 0.9~1.4cm，宽 0.9~1.8cm，基部近平截或截状心形，3 深裂，中裂片窄倒卵形或长椭圆形，不裂或 3 浅裂，侧裂片斜倒卵形或斜扇形，不等 2 裂，正面无毛，背面疏被毛，叶柄长 2~2.8cm；茎生叶较小，掌状全裂。单花顶生；花托被毛；萼片 5，圆卵形，长约 4mm：花瓣 5，倒卵形，长 5~6mm；雄蕊多数。瘦果斜椭圆状球形，疏被柔毛。花果期 5—7 月。

生　　境：生于高山和亚高山草甸，海拔 3200~4200m。

碱毛茛（水葫芦苗）*Halerpestes sarmentosa* (Adams) Kom.

形态特征：多年生草本。高3~12cm，匍匐茎细长。叶具长柄，无毛；叶近圆形、肾形或宽卵形，长0.4~2.5cm，宽0.4~2.8cm，基部宽楔形、平截或心形，具3~5齿或微3~5浅裂。花莛高达16cm；苞片线形或窄倒卵形；花1~2，顶生；萼片宽椭圆形，长约3.5mm，无毛；花瓣5，窄椭圆形，长约3mm；雄蕊14（6）~20，与花瓣近等长。聚合果卵圆形，长达6mm，瘦果紧密排列，长约1.8mm。花果期5—9月。

生　　境：生于盐碱化湿草甸和湖边沼泽地，海拔1100~1700m。

小檗科 Berberidaceae

异果小檗 *Berberis heteropoda* Schrenk

形态特征：灌木，高1~2m。幼枝红褐色，刺单1或3分叉，长1~3cm，米黄色。叶革质，绿色，倒卵形，无毛，全缘或具不明显的刺状齿牙。总状花序，长1~4cm，花稀疏，具3~9花；苞片2，披针形，微小；萼片6~8枚，花瓣状，宽卵形至倒卵形；花瓣6，宽倒卵形或宽椭圆形，基部有蜜腺2；雄蕊6，短于花瓣；雌蕊筒状，柱头盘状。浆果球形或广椭圆形，直径可达1.2cm，紫黑色，被白粉。种子长卵形，表面有皱纹。花期5—6月，果期7—8月。

生　　境：生于石质山坡、河滩地、灌丛中或干旱荒漠草原，海拔1700~2900m。

喀什小檗 *Berberis kaschgarica* Rupr.

形态特征： 落叶灌木，高 60~100cm。幼枝红褐色；枝刺 3 分叉，土黄色。叶革质，绿色，窄长圆状倒卵形，小者多全缘，大者边缘有少数短刺状齿牙。花单生或 2~3 朵簇生于叶腋；萼片 6，花瓣状；花瓣 6，宽椭圆形，每个花瓣基部有 2 蜜腺；雄蕊 6，短于内轮花瓣；雌蕊筒状，柱头盘状，花柱近无。浆果卵形，长 6~8mm，紫黑色，被白粉。种子 3~4 枚，长圆状卵形而微曲，黑褐色，背部圆，腹面具钝棱。花期 5—6 月，果期 7—10 月。

生　　境： 生于灌木荒漠及高寒荒漠，海拔 2200~4200m。

红果小檗 *Berberis nummularia* Bunge

形态特征： 落叶灌木，高 1~4m。幼枝红褐色；枝刺 1~3 叉，一年生萌枝上有 5~6 叉者，刺长 1.5~4cm，土黄色。叶革质，倒卵形、倒卵状匙形或椭圆形，多全缘，并有多少不等的疏锯齿。总状花序长 3~5cm，花多；每花有苞片 2，披针状线形，宿存；萼片黄色，花瓣状，长圆形倒卵；花瓣黄色，6 片，长圆形或窄长圆形；雄蕊 6；雌蕊子房筒状，柱头盘状。浆果长圆状卵形，长 6~7mm，淡红色，成熟后淡红紫色。种子窄长卵形，灰褐色。花期 4—5 月，果期 5—7 月。

生　　境： 生于山地灌丛及草原带，海拔 1100~3050m。

罂粟科 Papaveraceae

白屈菜 *Chelidonium majus* L.

形态特征：多年生草本，高30~80cm，有黄色乳汁。茎直立，嫩绿色，被白粉。叶互生，一至二回羽状分裂。伞形花序；萼片2，早落；花瓣4，黄色，倒卵圆形；雄蕊多数。蒴果线状圆柱形，成熟时由基部向上开裂。种子多数，卵球形，黄褐色。花果期5—10月。

生　　境：生于荒漠带及草原带的山坡、平地与河谷，海拔1100~3150m。

天山罂粟 *Papaver tianschanicum* M. Pop.

形态特征：多年生草本，高8~10cm。叶一回羽状裂，叶片卵形、椭圆形，羽状或三出全裂或深裂，下面1对裂片全裂，这些裂片再浅裂或呈钝锯齿，被弯曲的单糙毛，每个裂片顶端钝或急尖，或有1小尖头；叶柄扁，背面及边缘具毛。花冠橘黄色；雄蕊花丝细，淡黄色，长约5mm，花药黄色，长圆形，长约1mm。蒴果长约1cm，被麦秆黄色刺状毛。花果期7—8月。

生　　境：生于高山草甸的山坡与河谷，海拔2400~4300m。

野罂粟 *Papaver nudicaule* L.

形态特征：多年生草本，高 20~50cm。于根颈处分枝，丛生。叶基生，被稀疏的糙毛。花蕾长圆形，被黑褐色糙毛；萼片边缘白色膜质；花冠大，直径 4~6cm，黄色或橘黄色；雄蕊花丝细，黄色，花药矩形。蒴果长圆形，基部稍细，遍布较短的刺状糙毛。种子小。花果期 6—8 月。

生　　境：生于高山草甸，海拔 2800~4400m。

烟堇 *Fumaria schleicheri* Soy.-Wil.

形态特征：一年生草本，高 10~40cm，无毛。茎自基部多分枝，具纵棱。基生叶少数，叶片多回羽状分裂；茎生叶多，与基生叶同形。总状花序顶生和对叶生；苞片钻形，长 1~1.5mm；花梗细，长 2~2.5mm；萼片卵形；花瓣粉红色或紫红色，上花瓣绿色带紫，背部具暗紫色的鸡冠状突起，距长约 1.5mm，末端下弯，下花瓣绿色带紫，边缘开展，内花瓣暗紫色；花药极小；花柱细。坚果近球形至倒卵形；果梗长 3~4mm，比苞片长 2~3 倍。花果期 5—8 月。

生　　境：生于耕地、果园、村边、路旁或石坡，海拔 1100~1600m。

直立黄堇（直茎黄堇）*Corydalis stricta* Steph.

形态特征：多年生草本，高 20~40cm。根茎具鳞片和多数叶柄残基。茎具棱，劲直。基生叶长 10~15cm，叶片二回羽状全裂。茎生叶与基生叶同形。苞片狭披针线形，长 6~8mm；花梗长 4~5mm；花黄色，背部带浅棕色；萼片卵圆形；外花瓣不宽展，无鸡冠状突起，上花瓣长 1.6~1.8cm；距短囊状，约占花瓣全长的 1/5；蜜腺体粗短；下花瓣长约 1.4cm，内花瓣长约 1.2cm，具鸡冠状突起；柱头小，近圆形，具 10 乳突。蒴果长圆形，下垂。花果期 5—7 月。

生　　境：生于荒漠草原到山地荒漠草原，海拔 2100~3200m。

喀什黄堇 *Corydalis kaschgarica* Ruprecht

形态特征：多年生丛生草本，高 15~35cm。主根粗大，顶生一至多头根茎。根茎具少数茎枝和叶残基。茎坚硬挺拔。基生叶二回羽状叶。总状花序生茎和枝顶端，常不分枝，多花、密集，果期疏离；苞片披针形；花梗长约 5mm，约长于苞片的 1 倍；萼片近卵圆形；花黄色，近平展，长 16~18mm；距占 4~6mm；外花瓣顶端兜状；柱头近四方形。蒴果线形，直立或斜伸。种子光滑，种阜部位具直立的短突起，种阜贴生于突起 1 侧。花果期 6—8 月。

生　　境：生于荒漠草原地带，海拔 2100~3200m。

山柑科 Capparidaceae

山柑 *Capparis spinosa* L.

形态特征：藤本小半灌木，长 2~3m。小枝淡绿色，幼时有柔毛，后变无毛。叶纸质，近圆形、宽卵形或倒卵形，长 1~5cm，宽 1~4.5cm，先端圆形，具短突尖，基部圆形，全缘，两面无毛；叶柄长 2~20mm；托叶变形成弯刺，长 2~6mm。花单生叶腋，直径 2~3cm；花梗长 2.5~4cm，无毛；萼片卵形，外面无毛，内面有柔毛，后变无毛；花瓣白色、粉红色或紫红色，倒卵形；雄蕊多数；子房柄长 2cm。浆果椭圆形，长 2.5~4cm，宽 1.5~3cm；具多数种子。花期 5—6 月，果期 7—8 月。

生　　境：生于荒漠地带的戈壁、沙地、石质山坡及山麓，也见于农田附近，海拔 1100~2400m。

十字花科 Brassicaceae

芝麻菜 *Eruca sativa* Mill.

形态特征：一年生草本，高 30~60cm。茎直立，通常上部分枝，有疏生刚毛。下部叶呈大头羽状深裂，长 4~7cm，宽 2~3cm，顶生裂片近圆形或短卵形，有细齿，侧生裂片卵形或三角状卵形，全缘；叶柄长 2~4cm；上部叶无柄，具 1~3 对裂片，顶生裂片卵形，侧生裂片矩圆形。花黄色，有紫褐色脉纹。长角果圆柱形，长 2~3cm，喙短而宽扁；果梗长 2~4mm。种子近球形或卵形，淡褐色。花期 5—6 月，果期 7—8 月。

生　　境：生于草原带的路边、山坡以及农田，海拔 1100~2200m。

独行菜 *Lepidium apetalum* Willd.

形态特征：一年生或二年生草本，高 10~60cm。茎直立，有分枝，被头状腺毛。基生叶窄匙形，一回羽状浅裂或深裂；茎生叶向上渐由窄披针形至线形，有疏齿或全缘，疏被头状腺毛；无柄。总状花序；萼片卵形，长约 0.8mm，早落；花瓣无或退化成丝状，短于萼片；雄蕊 2 或 4。短角果近圆形或宽椭圆形，顶端微凹，有窄翅；果柄弧形，长约 3mm，被头状腺毛。种子椭圆形，长约 1mm，红棕色。花期 5—7 月，果期 5—9 月。

生　　境：生于山地及平原的山坡、山沟及村落附近，是常见的杂草，海拔 1100~2200m。

光果宽叶独行菜 *Lepidium latifolium* var. affine (Ledeb.) C. A. Mey.

形态特征：多年生草本，高 30~85cm。茎直立，上部多分枝，基部稍木质化，无毛或疏生单毛。基生叶及茎下部叶长圆状披针形或卵形，长 3~13cm，先端钝，基部渐窄，全缘或有齿，疏被柔毛或几无毛，叶柄长 2~6cm；茎上部叶披针形或长椭圆形，无柄。总状花序圆锥状；花梗无毛；萼片早落，长圆状卵形或近圆形，有柔毛；花柱短。短角果宽卵形或近圆形，无毛或近无毛。种子宽椭圆形，浅棕色，无翅。花期 5—7 月，果期 7—9 月。

生　　境：生于农业区的田边、宅旁、含盐的沙滩或低山带的冲积扇，海拔 1100~1500m。

钝叶独行菜 *Lepidium obtusum* Basin.

形态特征：多年生草本，高 40~100cm，灰蓝色。茎直立，分枝，无毛。叶革质，长圆形，顶端钝，基部渐狭，两面无毛，中脉及侧脉显明；无柄或近无柄。总状花序在果期呈头状；花梗有柔毛；萼片宿存，卵形，外面有细柔毛；花瓣白色，倒卵形，长约 2mm。短角果宽卵形，长及宽各 1.5~2mm，顶端圆形，基部心形，无毛也无翅，果瓣无中脉，网脉不显明；果梗细，长 2~3mm。种子卵形，长约 1mm，棕色。花果期 7—8 月。

生　　境：生于蒿属荒漠和戈壁滩上，也见于草原地带，海拔 1500~2400m。

昆仑独行菜 *Lepidium kunlunshanicum* G. L. Zhou & Z. X. An

形态特征：一年生或二年生草本。茎多数，铺散，长 7~20cm，被微小的头状毛。基生叶匙形，二回羽状深裂，两面无毛或近无毛；茎生叶匙形或倒披针形，长 0.7~1.5cm，羽状浅裂或锯齿缘，无毛或有睫毛，基部变窄，无柄。总状花序，花密集，果时不伸长或稍伸长；花梗长约 2mm，被单毛；萼片卵形，具宽的膜质边缘；花瓣白色，倒卵形；雄蕊 3 枚。短角果宽卵形或近圆形。种子每室 1 枚，卵形，黄褐色。花果期 7 月。

生　　境：生于高山河谷草甸，海拔 3700m。

球果群心菜 *Cardaria chalepensis* (L.) Hand.-Mazz.

形态特征：多年生草本，高17~40cm。茎直立，多分枝。基生叶有柄，匙形或倒卵形；茎生叶匙形，倒卵形、披针形或长圆形。总状花序顶生及腋生，形成圆锥状或伞房状花序；萼片矩圆形，有宽的膜质边缘；花瓣白色；雄蕊6。短角果宽卵形或近球形，膨胀，长4~5mm，无毛，有不明显的脉纹；果梗无毛。种子每室1粒，椭圆形，长2.5mm，褐色。花期5—6月，果期7—8月。

生　　境：生于草原带及荒漠带的河谷、路边、农田旁或林带下，海拔1100~1200m。

毛果群心菜 *Cardaria pubescens* (C. A. Meyer) Jarm.

形态特征：多年生草本，高15~45cm。茎直立，密被柔毛，常近基部分枝。基生叶和下部茎生叶具柄，长圆形或披针形，两面被柔毛；上部茎生叶披针形。总状花序组成伞房状圆锥花序；萼片长圆形，背面被柔毛；花瓣白色。短角果卵状球形，长4~5mm，膨胀，不裂；果瓣脊不明显，被柔毛；宿存花柱长1~2mm。种子卵圆或椭圆形，长约1.5mm，棕褐色。花期5—6月，果期7—8月。

生　　境：生于草原带及荒漠带的河谷、路边、农田旁或林带下，海拔1100~1200m。

菥蓂 *Thlaspi arvense* L.

形态特征： 一年生草本，高 18~41cm，无毛。茎单一，直立，上部常分枝。基生叶有柄，柄长 1~3cm；茎生叶长圆状披针形，长 3~5cm。总状花序顶生；萼片直立，卵形，长约 2mm，先端钝圆；花瓣白色，长圆状倒卵形，长 2~4mm，先端圆或微缺。短角果近圆形，长 1.2~1.8cm，边缘有宽翅，顶端下凹。种子长约 1.5mm，稍扁平，褐色，有同心环纹。花期 4—5 月，果期 5—7 月。
生　　境： 生于平原地区的农区的田中及田旁，有时也进入草甸，海拔 1100~3200m。

荠 *Capsella bursa-pastoris* (L.) Medic.

形态特征： 一年生或二年生草本，高 12（6）~46cm，无毛、有单毛或分枝毛。基生叶多数，倒披针形或长卵状椭圆形，全缘或有疏牙齿；茎生叶条形或披针形，顶端锐尖，基部箭形，抱茎。总状花序，果期可达 25cm；萼片长圆形，有宽的膜质边缘；花瓣白色，倒卵形，有短爪。短角果倒三角形，扁压，无毛，花柱长等于凹深；果梗长 1~1.2cm。种子多数，长椭圆形，黄褐色。花果期 5—7 月。
生　　境： 生于平原绿洲、草原带农业区的山坡农田及其附近，海拔 1100~1200m。

藏荠 *Hedinia tibetica* (Thoms.) Ostenf.

形态特征：多年生草本。茎铺散，基部多分枝，长达 15cm，被单毛及分叉毛。叶羽状全裂，裂片 4~6 对，长圆形，长 0.5~1cm，先端骤尖，全缘或有缺刻；基生叶有柄，茎生叶近无柄至无柄。总状花序下部的花有 1 个羽状分裂的叶状苞片，向上叶状苞片渐小至无，花着生苞片腋部。萼片宽椭圆形，长约 2mm；花瓣白色，倒卵形，基部有爪。短角果长圆形，稍被毛至无毛；果瓣有中脉。种子卵圆形，长约 1mm，棕色。花果期 6—8 月。

生　　境：生于高山及亚高山带草原、草甸及垫状植被中，海拔 2000~4000m。

双袋荠 *Didymophysa aucheri* Boiss.

形态特征：多年生草本，茎匍匐平展，茎长 6~9cm。单叶互生，叶顶端 3 中裂至深裂，叶长 8~12mm，叶宽 3~6mm。总状花序 17~22 花，密集；花梗细；花白色，倒卵形，基部爪状。短角果双生，果实膨大成囊状，近球形，长 6~7m，未见隔膜，1 室。种子 2 粒，遇水无黏液，椭圆形，黄褐色，长 1.6mm 左右，宽 1mm 左右，子叶旋转背倚胚根。花果期 6—8 月。

生　　境：生于高山荒漠，海拔 3000~4200m。

扭果藏荠 *Hedinia taxkargannica* G. L. Zhou & Z. X. An

形态特征：多年生草本，被白色单毛与分枝毛。茎于基部分枝，铺散。基生叶长椭圆形，长 2~4cm，宽约 1cm，二回羽状深裂；茎生叶羽状全裂，裂片全缘，叶柄短。花序在花期伞房状，结果时伸长成总状，每花下有 1 枚叶状苞片；花小，有疏柔毛；萼片淡绿色，矩圆形，有宽的膜质边缘，背部有白色长柔毛；花瓣白色，瓣片椭圆形；花药淡黄色；花柱粗而短。角果条形，长 10~12mm，宽约 2mm，无毛或具疏柔毛。种子椭圆形，红褐色。花果期 6—7 月。

生　　境：生于高山草原，海拔 2800~3700m。

盐泽双脊荠 *Dilophia salsa* Thoms.

形态特征：多年生草本，高 2~4.5cm，无毛。基生叶莲座状，线状或线状长圆形，长 1~2cm，全缘或疏生锯齿；茎生叶线形。总状花序呈密伞房状，有叶状苞片。萼片卵形，长约 2mm，宿存；花瓣白色，匙形或匙状线形，先端微凹；花药长 0.3~0.5mm，顶端三角状尖锐。短角果倒心形，有种子 4~8，直径约 2mm；果瓣有 2 翅状突出物，隔膜有孔或不完全；果柄较粗，长约 4.5mm。种子长圆形。花果期 6—8 月。

生　　境：生于高山河谷盐化草甸，海拔 2000~4000m。

无苞双脊荠 *Dilophia ebracteata* Maxim.

形态特征：二年生草本，高1~4cm，除萼片外无毛。根纺锤形，粗且长，上部有去年茎叶残余。茎多数丛生或单一。基生叶线形，在开花时枯萎；茎生叶常聚生在茎顶端，线状匙形，连叶柄长5~20mm，全缘或每侧有1~3个疏齿。总状花序密生，无苞片；花梗长约1mm；萼片宽卵形，长2~3mm，顶端圆形，外面有少数柔毛；花瓣白色，倒卵形。短角果近圆形，长约2mm，果瓣具1脉，有数个鸡冠状突出物。花期8月，果期9月。

生　　境：生于高山河谷或草甸，海拔2800~4200m。

西藏燥原荠 *Ptilotricum wageri* Jafri

形态特征：多年生草本，呈疏松丛生状，高6~8cm，被白色星状毛，短而软。茎细，自基部分枝，分枝少。基生叶莲座状，叶片窄长圆形，顶端极尖，近无柄；茎生叶无柄。总状花序疏松；花梗丝状，弯曲；萼片近相等，长圆形，顶端钝；花瓣白色或淡红色，楔形，顶端微缺；长雄蕊花丝长约2.5mm，短雄蕊花丝长约2mm，无齿，基部渐宽。短角果卵形或宽椭圆形，果瓣膨胀，无毛；隔膜无色，透明，具条纹。种子每室1粒，长圆形，棕色，无边。花果期6—8月。

生　　境：生于高寒荒漠，海拔3500~4000m。

喜山葶苈 *Draba oreades* Schrenk

形态特征：多年生草本，高2~10cm。根状茎具多数分枝。叶基生，呈莲座状，倒披针形，长6~20mm，宽2~4mm，先端圆钝或急尖，基部楔形，全缘，两面具单毛和叉状毛。花莛长2~5cm，有长单毛、叉状毛和分枝毛；花黄色，直径2.5~4mm，8~12朵，密集成总状花序。短角果卵形，长4~6mm，宽3~4mm，先端急尖，基部圆形且膨胀，花柱长0.5mm；果梗长2~4mm；种子每室2~3枚，卵形，扁平，长1mm，无边缘。花果期6—8月。

生　　境：生于高山、亚高山带的山坡、草地向阳处、石缝或砾石滩，海拔3000~5000m。

高原芥 *Christolea crassifolia* Camb.

形态特征：多年生草本，高10~40cm，全株被白色单毛，很少无毛。地下有粗而直的深根。茎直立，丛生。茎生叶肉质，形态与大小变化大，菱形、长圆状倒卵形、长圆状椭圆形以至匙形。总状花序有花10~25朵；萼片长圆形，有白色膜质边缘；花瓣白色或淡紫色，常于基部带紫红色，干时变为淡黄色；花柱近无，柱头压扁，微2裂。长角果线形至条状披针形；果瓣顶端渐尖，中脉明显。种子每室1行。种子长圆形，黑褐色。花果期6—8月。

生　　境：生于高原荒漠，海拔4000~4800m。

高山离子芥 *Chorispora bungeana* Fisch. & C. A. Mey.

形态特征：多年生矮小草本，高 3~10cm。茎短，被疏毛。叶多数，长椭圆形，下面具白色柔毛，羽状深裂或全裂，裂片近卵形，全缘，顶裂片最大；叶柄扁平，被毛。花单生花莛顶端；花梗细，长 2~3cm；萼片宽椭圆形，长 7~8mm，背面被白色疏毛，内轮 2 枚稍大，基部囊状；花瓣紫色，宽倒卵形，长 1.6~2cm，先端凹缺，基部具长爪。长角果念珠状，长 1~2.5cm，顶端具细短喙；果柄与果近等长。种子淡褐色，椭圆形而扁。花果期 7—8 月。

生　　境：生于亚高山草甸或草原，海拔 2600~3700m。

无茎条果芥 *Parrya exscapa* C. A. Mey.

形态特征：多年生草本，高 5~8cm。具肥厚根状茎。基生叶呈莲座状，肉质，叶片倒卵形或匙形，顶端钝圆，全缘，基部渐窄成扁平叶柄，叶片下面及边缘密被白色单毛，上面毛较少或近于无毛。无茎，花莛数个，顶生 1 花；萼片直立，长圆形，外面上部带紫色，散生单毛，内轮萼片呈囊状；花瓣粉红色或紫色，倒卵形或匙形，有明显紫色脉纹，下部具爪，与萼片等长。长角果条形而扁，稍弯曲或扭转。花期 5—6 月，果期 6—7 月。

生　　境：生于高寒荒漠带的河滩沙砾地或亚高山草甸，海拔 3500~4000m。

毛萼条果芥 *Parrya ericalyx* Regel & Schmalh.

形态特征：多年生矮小草本，高 5~15cm。根状茎粗厚而长，顶端被枯萎残存叶柄。基生叶丛生呈莲座状，叶片窄匙形，近于全缘，基部窄缩成较宽扁的叶柄，长为叶片的 2~3 倍，上面有伏生的白色单毛。无茎，花莛数个，与叶等长或稍超出，顶生单花；萼片直立，条形，外面有伏生白色单毛；花瓣粉红色或紫色，倒卵形，顶端圆，基部渐窄成爪，与花瓣等长或稍长；无花柱，柱头圆锥状。长角果扁平，条形，镰形，略呈节荚状。花果期 6—8 月。

生　　境：生于高山草甸，海拔 3700~4610m。

涩荠 *Malcolmia africana* (L.) R. Br.

形态特征：一年生草本，高 5~35cm；密生单毛或叉状硬毛。茎直立，多分枝，有棱。叶长 1.5~8cm，宽 0.5~1.8cm，先端钝，有小短尖，基部楔形，具波状齿或全缘；叶柄长 0.5~1cm 或近无柄。总状花序；萼片长圆形，长 4~5mm；花瓣紫色或粉红色，长 0.8~1cm。果序长达 20cm；长角果近四棱柱形，长 3.5~7cm。种子长圆形，长约 1mm，浅棕色。花果期 4—8 月。

生　　境：生于平原绿洲的农田或山区草场人畜活动处，海拔 1100~2800m。

四棱荠 *Goldbachia laevigata* (M. B.) DC.

形态特征：一年生草本，高 10~40cm，无毛。基生叶矩圆状倒卵形或矩圆状卵形，长 1.5~5cm，宽 5~10mm，先端圆钝，基部渐狭，边缘具波状齿或全缘，叶柄长 5~20mm；茎生叶无柄，矩圆状条形或披针形，基部箭形。总状花序具少数疏生花，花后伸长；花白色，直径 1mm。短角果棒状或矩圆形，长 7~10mm，宽 2~2.5mm，不裂，稍弯，平滑或具疣状突起，常 2 室，室间有横壁；喙长 1~2mm；果梗下弯。种子卵形，褐色。花果期 6—7 月。

生　　境：生于山丘、田野、路边、沟边河滩及草地，海拔 1100~1300m。

沟子荠 *Taphrospermum altaicum* C. A. Mey.

形态特征：多年生草本，高 4~25cm。茎基部多分枝，直立、外倾或铺散。叶柄长 0.2~6cm，基部叶叶柄最长，向上渐短，叶宽卵形或椭圆形，长 0.6~1.5cm，先端钝，全缘或顶端有 1~2 个小齿。花腋生。花梗长 4~7mm，外弯；萼片膜质，黄色，长圆状宽卵形，长 1~1.5mm，先端近平截，背面隆起；花瓣白色，倒卵形。短角果窄圆锥形，直或稍弯；果瓣基部近囊状，顶端渐尖，脉纹明显。种子每室 2~4 粒。花果期 6—9 月。

生　　境：生于高寒荒漠，海拔 3300~4100m。

西北山萮菜 *Eutrema edwardsii* R. Br.

形态特征：多年生草本，高 6~18cm，光滑无毛。茎单一或数个丛生，基部常带淡紫色。基生叶具长柄，叶片长卵状圆形至卵状三角形，基部截形、略呈心形或渐窄；下部茎生叶具宽柄，上部的无柄，叶片长卵状圆形、窄卵状披针形或条形，全缘。花序伞房状，果期略伸长，花梗长 1~2mm；外轮萼片宽卵状长圆形，内轮萼片卵形；花瓣白色，长圆倒卵形，顶端钝圆。角果纺锤形，顶端尖，基部钝圆；果梗长 2~6mm。种子卵形，黑褐色。花果期 7—8 月。

生　　境：生于亚高山带的路边或河边，海拔 3100~3700m。

无毛大蒜芥 *Sisymbrium brassiciforme* C. A. Mey.

形态特征：二年生草本，高 45~80cm，无毛。茎直立，常带淡蓝色，基部常呈紫红色。茎生叶大头羽状裂；下部叶顶端裂片大，长圆形至长卵形；中部叶顶端裂片三角形或三角状卵圆形；上部的叶不裂，近无柄，叶片披针形至长圆条形。总状花序顶生；萼片条状长圆形；花瓣黄色，倒卵形。长角果线形，长 7.5~10cm，向外弓曲，水平展开或略向下垂；花柱短；果梗 8~10mm，比果实细，近水平展开或稍斜上伸。种子小，淡褐色。花果期 6—8 月。

生　　境：生于荒漠带，海拔 1100~2300m。

帕米尔假蒜芥 *Sisymbriopsis pamirica* (Y. Z. Lan & C. H. An) Al-Shehbaz, C. H. An & G. Yang

形态特征：多年生草本，高 10~25cm，全株密被毛，灰绿色。基部多分枝。基生叶倒卵状长圆形，长 1.5~2.6cm，宽 3~6mm，两侧有不规则的锯齿。花序伞房状，果时伸长成总状；萼片密被毛；花瓣粉红色，顶端圆，基部具爪；雄蕊 6，花丝扁。长角果线形，长 3~4cm，宽约 1mm；果瓣密被毛，扁平，两端钝，中脉清楚；花柱几不发育，柱头头状；果梗长 1~3mm，与果序轴夹角小。种子椭圆形，长约 1.1mm；子叶斜背倚胚根。花果期 6—7 月。

生　　境：生于高寒荒漠类草地，海拔 3500m 左右。

蚓果芥 *Neotorularia humilis* (C. A. Mey.) Hedge & J. Leonard.

形态特征：多年生草本，高 5~30cm，被 2 叉毛，并杂有 3 叉毛。茎自基部分枝。基生叶窄卵形，早枯；下部叶片宽匙形至窄长卵形；中、上部的条形；最上部数叶常入花序而成苞片。花序呈紧密伞房状，果期伸长；萼片长圆形；花瓣倒卵形或宽楔形，白色，长 2~3mm；花柱短，柱头 2 浅裂。长角果筒状，长 8~20（30）mm，略呈念珠状，两端渐细，直或略曲，或作“之”形弯曲；果瓣被 2 叉毛；果梗长 3~6mm。种子长圆形，橘红色。花果期 4—7 月。

生　　境：生于荒漠草原到高山荒漠草原，海拔 1100~4200m。

甘新念珠芥 *Neotorularia korolkovii* (Regel & Schmalh.) Hedge & J. Leonard.

形态特征：一年生或二年生草本，高 10~25（30）cm，密被分枝毛，有时杂有单毛。茎于基部多分枝，稍斜向上升，或于基部铺散，然后上升。基生叶大，有长柄，叶片长圆状披针形；茎生叶叶柄向上渐短或无，叶片长圆状卵形，其他同基生叶。花序伞房状，果期伸长；萼片长圆形；花瓣白色，干后土黄色，倒卵形，长 4~6mm；子房有毛。长角果圆柱形，长 15~18mm，略弧曲或于末端卷曲，果梗长 3~6mm。种子长圆形，黄褐色。花果期 5—7 月。

生　　境：生于荒漠带的绿洲和草原带，海拔 1100~1500m。

帕米尔念珠芥 *Neotorularia pamirica* Z. X. An

形态特征：多年生草本，高 5~10cm，全株密被叉状毛、分枝毛与单毛，使植物呈灰绿色。根状茎分枝多，短，密被鳞片状枯叶柄，上具莲座状叶丛；茎直立，不分枝。基生叶披针状线形；茎生叶同形而少数，上部 1~2 叶混入花序成苞叶。花序花时伞房状，果时伸长成总状；花梗长 2~3mm；萼片椭圆形；花瓣乳白色，干后黄白色，倒卵状宽楔形；花柱长约 0.5mm，黄褐色。长角果棒状，长约 5mm。花果期 6—8 月。

生　　境：生于高山垫状植被，海拔 4300m。

红花肉叶荠 *Braya rosea* (Turcz.) Bunge

形态特征：多年生丛生草本，高 2~5cm，被单毛与短分枝毛。叶全部基生，叶片椭圆形、长椭圆形或长圆状倒卵形，长 1.5~2cm，顶端渐尖。花序呈紧密的头状，果期稍伸长；萼片长 2~2.5mm，黄色，末端有时变为紫黑色，背面顶端隆起，具单毛或分枝毛；花瓣淡红色，窄倒卵形或匙形，顶端钝圆，基部楔形。角果卵形或长圆形，长 3~4.5mm，宽约 1.5mm；果梗长 2~4mm。花果期 7—8 月。
生　　境：生于亚高山草原向阳山坡，海拔 2800m。

叶城假蒜芥 *Sisymbriopsis yechengica* (Z. X. An) Al-Shehbaz & al.

形态特征：一年生或二年生草本，植株高达 40cm。茎直立，基部分枝，疏被长单毛。基生叶早落，窄长圆形，长约 3.5cm，具长三角形篦齿；下部茎生叶线形，长约 4cm，具疏齿；上部茎生叶渐小，渐无齿。萼片长椭圆形，边缘膜质；花瓣白色，长卵形，长 6~8mm，基部渐窄成爪；花丝基部宽。长角果线形，稍扁，长 3~4cm；果瓣扁，种子间稍凹，两端钝；果柄细直，长 1.5~1.6cm。种子每室 1 行，长圆形，长约 2mm，淡黄褐色，有小瘤排列成沟纹，相对种脐的一端有白色附器。花期 6—7 月，果期 7—8 月。
生　　境：生于荒漠类草地、山坡或河岸边石质陡坡上，海拔 2500~3000m。

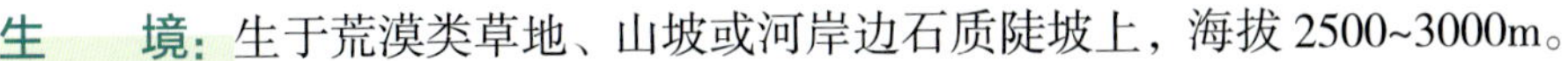

高山芹叶荠 *Smelowskia asplenifolia* Turcz.

形态特征：多年生草本，高 5~20cm，全株被弯曲长单毛，并杂有分枝毛。根茎粗长，近地面处分枝，并覆有宿存叶柄，地面上呈密丛。基生叶具柄，向基部变宽，有较长的睫毛；茎生叶柄短或无柄，叶片羽状深裂，末端或近末端的裂片再作二回裂，小裂片 2~3。花序伞房状，果期伸长；下部数花有苞片，花梗长 3~4mm；萼片长圆状卵圆形；花瓣圆形或长圆状倒卵形，白色，后变黄色，具长爪。短角果无毛，长倒卵形。种子褐色，长圆形。花期 6—7 月。

生　　境：生于山地草原，海拔 2750~4000m。

景天科 Crassulaceae

小苞瓦松（紫药瓦松）*Orostachys thyrsiflorus* Fisch.

形态特征：二年生草本。第一年有莲座丛，有短叶，莲座叶淡绿色，线状长圆形，先端渐变为软骨质的附属物；第二年自莲座中央伸出花茎，高 5~20cm；茎生叶多少分开，线状长圆形，先端急尖，有软骨质的突尖头。总状花序；苞片卵状长圆形，渐尖；花梗长 2mm；萼片 5，三角状卵形，急尖；花瓣 5，白色或带浅红色，长圆形；雄蕊 10，花药紫色；鳞片 5，近正方形至近长方形。蓇葖果直立。种子卵形，细小。花期 7—8 月，果期 8—9 月。

生　　境：生于干旱石质山坡、山顶石缝、山前荒漠草原或河谷阶地，海拔 1100~4100m。

圆叶八宝（圆叶景天）*Hylotelephium ewersii* (Ldb.) H. Ohba.

形态特征：多年生草本，茎高 5~25cm。叶对生，宽卵形，先端钝渐尖；叶常有褐色斑点。伞形聚伞花序，花密生；花瓣 5，紫红色，卵状披针形，急尖，雄蕊 10；鳞片 5，卵状长圆形。蓇葖果 5，直立，有短喙。种子披针形，褐色。花果期 6—8 月。

生　　境：生于山坡石缝、林下石质坡地、山谷石崖或河沟水边，海拔 1100~4200m。

圆丛红景天（大红红景天）*Rhodiola coccinea* (Royle) Boriss.

形态特征：多年生草本。主根粗长。先端被宽三角形鳞片，棕褐色，宿存老茎多数，不变黑，直立。花茎高 5~15cm，直立或弯曲。叶互生，肉质，无柄，披针形，全缘，先端钝。伞房花序宽 1cm，少花，密集；雌雄异株；花 5 基数，稀 4 基数；花梗短于花；萼片 4~5，稍短于花瓣，长圆形，红色；花瓣 4~5，长卵圆形，红色；雄蕊 10，稀为 8，短于花瓣，花药圆形，黄色，花丝红色。蓇葖果卵形或长圆状卵形，红色，具很短的向外弯的喙。种子长圆形，褐色。花果期 6—8 月。

生　　境：生于高山石质山坡、岩石缝或山沟河滩草甸，海拔 2660~4850m。

帕米红景天 *Rhodiola pamiroalaica* Boriss.

形态特征：多年生草本。根粗。老花茎宿存，先端被鳞片，鳞片三角状披针形。花茎上升的，高10~30cm。叶互生，远生，线形或线状披针形至披针形，长7~15mm，宽1.5~2mm，全缘。花序伞房状圆锥形，花多，紧密，或花少而疏生，花梗与花同长；雌雄异株；萼片5，少有6，绿黄色，披针形或线形，长2~3mm，先端稍钝；花瓣5~6，黄白色；雄蕊10或12，较花冠短，黄色。蓇葖果5~6，长圆形，喙丝状，直立或少有外弯。种子披针形，褐色。花期6—7月，果期6—8月。

生　　境：生于石质山坡或河谷石缝中，海拔2400~4100m。

虎耳草科 Saxifragaceae

挪威虎耳草 *Saxifraga oppositifolia* L.

形态特征：多年生草本，高约6cm。花茎疏生褐色柔毛，叶腋具芽。小主轴之叶交互对生，覆瓦状排列，密集呈莲座状，近倒卵形，先端具1分泌钙质窝孔，边缘具柔毛；茎生叶对生，近倒卵形，长4.2~4.5mm，先端具1分泌钙质窝孔。花单生茎顶；花梗疏生柔毛；萼片花期直立，革质，卵形或椭圆状卵形，边缘具柔毛，6~7脉先端半汇合至汇合；花瓣紫色，窄倒卵状匙形，爪长约3.5mm，无毛，约具7脉。花期7—8月，果期8—9月。

生　　境：生于砾石山坡及山坡草甸，海拔3800~4400m。

山羊臭虎耳草 *Saxifraga hirculus* L.

形态特征：多年生草本，高 6.5~20cm。茎疏被褐色卷曲柔毛。基生叶具长柄，叶片椭圆形、披针形、长圆形至线状长圆形，两面无毛，边缘疏生褐色柔毛或无毛；茎生叶向上渐变小，边缘具褐色卷曲长柔毛。单花生于茎顶，或聚伞花序，具 2~4 花；萼片在花期由直立变开展至反曲，椭圆形或卵形，背面和边缘具褐色卷曲柔毛，3~11（13）脉于先端不会合；花瓣黄色，先端急尖或稍钝，7~11（17）脉，具 2 痂体；花丝钻形；花柱 2。花果期 6—9 月。

生　　境：生于高山沼泽草甸、亚高山草甸、山谷流水溪边、山坡阴湿草地及山坡砾石堆，海拔 2300~4200m。

零余虎耳草 *Saxifraga cernua* L.

形态特征：多年生草本，高 5~28cm。茎下部无毛，上部有微柔毛，不分枝，在上部叶腋具小珠芽。基生叶有长柄，叶片肾形，掌状 5~7 浅裂，裂片宽卵形，两面无毛；中部以下茎生叶似基生叶，但中部的有短柄；上部茎生叶较小，无柄，3 裂或不分裂，卵形或狭卵形。花单朵顶生；萼片 5，直立，卵形，长约 3mm，外面有微柔毛；花瓣 5，白色，狭倒卵形，长约 8mm，先端圆形；雄蕊 10，较萼片稍长；心皮 2，大部合生。花果期 7—9 月。

生　　境：生于高山冰渍阶地、高山和亚高山草甸、沼泽草甸，海拔 2100~4500m。

山地虎耳草 *Saxifraga montana* H. Smith

形态特征：多年生草本，丛生，高 4.5~35cm。茎疏被褐色卷曲柔毛。基生叶发达，具柄，叶片椭圆形、长圆形至线状长圆形，先端钝或急尖，无毛；茎生叶披针形至线形，两面无毛或背面和边缘疏生褐色长柔毛。聚伞花序具 2~8 花，稀单花；萼片在花期直立，先端钝圆，腹面无毛，背面有时疏生柔毛，边缘具卷曲长柔毛，5~8 脉于先端不汇合；花瓣黄色，先端钝圆或急尖爪，5~15 脉，基部侧脉旁具 2 痂体；花丝钻形；花柱 2。花期 6—8 月，果期 7—9 月。

生　　境：生于帕米尔高山带的高山草甸、石隙及高山沼泽地，海拔 3900~4700m。

单窝虎耳草 *Saxifraga subsessiliflora* Engl. & Irmsch.

形态特征：多年生草本，高 2.5~4cm；小主轴极多分枝，呈座垫状。花茎隐藏于莲座叶丛之内。小主轴之叶，密集呈莲座状，稍肉质，长 3~6mm，宽 1~2.5mm，具 1 分泌钙质之窝孔，腹面稍凹陷，背面弓突，边缘具睫毛；茎生叶通常 1 枚。单花生于茎顶；苞片 2，稍肉质，紧靠托杯，狭卵形，长约 3.5mm，宽约 1.6mm，先端急尖，具 1 窝孔，两面无毛，边缘具腺睫毛（先端无毛）；萼片阔卵形至卵形，边缘具腺睫毛；雄蕊长 2~2.3mm；子房半下位，花柱短粗。花期 6—8 月。

生　　境：生于高山草甸和高山碎石隙，海拔 3900~4800m。

蔷薇科 Rosaceae

帕米尔金露梅 *Pentaphylloides dryadanthoides* (Juz.) Sojak

形态特征： 矮小灌木，高 7~15cm。枝条铺散；嫩枝棕黄色，稍被疏柔毛。奇数羽状复叶，小叶片 5 或 3，椭圆形，顶端钝圆，基部楔形，边缘平坦或略反卷，两面被白色绢状柔毛，背面沿脉有开展的长柔毛；托叶卵形，膜质，淡棕色。花单生叶腋，梗短，花直径 1~1.5cm；萼片宽卵形，副萼片披针形或卵形，具短尖，短于萼片；花瓣黄色，宽椭圆形，长于萼片；花柱近基生，棒状；茎部稍细，柱头扩大。瘦果被毛。花果期 6—8 月。
生　　境： 生于干旱草原及石质坡地，海拔 3800~4500m。

二裂委陵菜 *Potentilla bifurca* L.

形态特征： 多年生草本，高 5~15cm。茎直立或铺散，密被长柔毛或微硬毛。奇数羽状复叶，有小叶 3~6 对，全缘或先端 2 裂，两面被疏柔毛或背面有较密的伏贴毛；下部托叶膜质，褐色，被毛，上部茎生叶托叶草质，绿色，卵状椭圆形，常全缘稀有齿。聚伞花序；萼片卵圆形，顶端急尖，副萼片卵圆形，比萼片短或近等长，外面被疏毛；花瓣黄色，倒卵形，顶端圆钝，比萼片稍长；花柱侧生，棒状，柱头扩大。瘦果表面光滑。花果期 5—8 月。
生　　境： 生于干旱草原、碎石山坡、河滩地及平原荒地，海拔 1100~3100m。

鹅绒委陵菜 *Potentilla anserina* L.

形态特征： 多年生草本。茎匍匐，在节处生根。基生叶多数，为不整齐的羽状复叶，有小叶 5~11 对。小叶椭圆形，边缘有缺刻状锯齿，正面绿色，被疏柔毛或脱落无毛，背面密被紧贴银白色绢毛，茎生叶与基生叶相似，基生叶托叶膜质，褐色。花单生叶腋；花梗长 4~8cm，被疏柔毛；花萼被绢毛及柔毛，萼片三角状卵形，顶端渐尖，与副萼片等长或稍短；花瓣黄色，倒卵形，顶端圆形，比萼片长 1 倍；花柱侧生，柱头稍扩大。花果期 5—9 月。

生　　境： 生于谷地草甸、溪旁及山地草原，海拔 1700~3100m。

多裂委陵菜 *Potentilla multifida* L.

形态特征： 多年生草本，高 15~40cm。茎斜上升或直立。奇数羽状复叶；小叶片常 3 对，羽状深裂几达中脉，裂片线形或线状披针形，边缘向下反卷，正面伏生短柔毛，背面被白色茸毛；茎生叶 2~3，与基生叶形状相似；基生叶托叶膜质，褐色；茎生叶托叶草质，绿色，2 裂或全缘。聚伞花序，花少；花梗长 1.5~2.5cm，被短柔毛；花萼被毛，萼片三角状卵形，副萼片披针形，比萼片略短或近等长；花瓣黄色，倒卵形，顶端微凹，长于萼片；花柱圆锥形，基部膨大。瘦果平滑或具脉纹。花果期 6—8 月。

生　　境： 生于河谷及山坡草地，海拔 1700~3000m。

帕米尔委陵菜（高原委陵菜）*Potentilla pamiroalaica* Juz.

形态特征：多年生草本，高 5~15cm。茎直立，被白色伏生柔毛。基生叶为奇数羽状复叶，小叶 3~5 对，叶柄被白色伏生柔毛，小叶无柄，上部小叶大于下部小叶，小叶片卵形或倒卵状长圆形，边缘深齿裂，裂片长圆形，正面绿色或灰绿色，密被白色伏生柔毛，背面密被白色茸毛；茎生叶 1~2，柄短。花序少花，花梗长 1.5~3cm，密被伏生柔毛；花萼被密毛，副萼卵状披针形，萼片三角状披针形或卵状披针形；花瓣黄色，倒卵形，顶端微凹；花柱近顶生，基部稍增粗。花果期 6—8 月。

生　　境：生于山坡草地，海拔 1700~4050m。

绢毛委陵菜 *Potentilla sericea* L.

形态特征：多年生草本。茎直立或上升，高达 20cm，被开展白色绢毛或长柔毛。基生叶为羽状复叶，有 3~6 对小叶，小叶长圆形，羽状深裂，裂片呈篦齿状排列，正面贴生绢毛；茎生叶 1~2；基生叶托叶膜质，茎生叶托叶草质，卵形。聚伞花序疏散。花梗长 1~2cm，密被柔毛；萼片三角状卵形，先端急尖，副萼片披针形，先端圆钝，稍短于萼片，稀近等长；花瓣黄色，倒卵形；花柱近顶生。瘦果长圆状卵圆形，有皱纹。花果期 6—8 月。

生　　境：生于山地草原及河滩地，海拔 1800m 左右。

大萼委陵菜 *Potentilla conferta* Bunge

形态特征：多年生草木，高 15~40cm。茎弧形上升或直立。奇数羽状复叶，有小叶 4~6 对，边缘羽状中裂或深裂，但不达中脉，边缘向下反卷或有时不明显，正面绿色，伏生短柔毛或几无毛，背面被灰白色茸毛；茎生叶与基生叶相似，唯小叶数较少；基生叶托叶膜质，被疏柔毛，茎生叶托叶草质，绿色。聚伞花序较紧密，花梗长 1~2.5cm，密被短柔毛；花萼密被柔毛，副萼片披针形，萼片卵形，比副片稍长或近等长，随果期增大；花瓣黄色，倒卵形，比萼片稍长；花柱近顶生，基部增粗。花期 7—8 月。
生　　境：生于山间谷地或山坡草地，海拔 1800~2400m。

显脉委陵菜 *Potentilla nervosa* Juz.

形态特征：多年生草本，高 10~40cm。茎直立或基部略弯被灰白色茸毛及长柔毛。基生叶掌状三出复叶，叶柄被灰白色茸毛及长柔毛；小叶无柄或顶生小叶有短柄，小叶片长椭圆形或倒卵椭圆形，正面被伏生疏柔毛，背面被灰白色茸毛，茎生叶 1~3；基生叶托叶膜质，茎生叶托叶草质。聚伞花序伞房状，顶生疏散，多花；花梗长 1.5~2.5cm，密被茸毛；萼片三角卵形，副萼片带形或披针形，与萼片近等长，外被伏生疏柔毛；花瓣黄色，倒卵形，顶端下凹，比萼片长 0.5~1 倍；花柱近顶生。花果期 5—7 月。
生　　境：生于干旱草坡，海拔 1700~2500m。

白花沼委陵菜（西北沼委陵菜）*Comarum salesovianum* (Steph.) Aschers. & Grachn.

形态特征：半灌木，高 30~100cm。茎直立，有分枝，下部木质化幼茎被白色蜡粉及长柔毛。奇数羽状复叶，连叶柄长 4.5~9.5cm，小叶 7~11，长圆状披针形或卵状披针形，边缘有尖锯齿，正面绿色，无毛，背面有白蜡粉及伏生柔毛，复叶柄带带红色，被长柔毛；托叶膜质，具长尾尖，大部分与叶柄合生，有白色蜡粉及长柔毛，上部叶具 3 小叶。聚伞花序，有花 10~20 朵；花直径 3~3.5cm；花托肥厚；萼片三角状卵形，长约 1.5cm，带紫红色，先端渐尖，副萼片线状披针形，紫色，先端渐尖，外面均被白色蜡粉及柔毛；花瓣倒卵形，长 1~1.5cm，与萼片等长，白色，有时带红色，先端圆钝，基部有短爪；雄蕊 15~20；子房长圆形，被长柔毛，花柱侧生。瘦果长圆形，多数，被长柔毛。花期 6—8 月，果期 8—10 月。

生　　境：生于碎石坡地及谷地灌丛，海拔 1800~3000m。

四蕊山莓草 *Sibbaldia tetrandra* Bunge

形态特征：丛生或垫状多年生草本。三出复叶，连叶柄长 0.5~1.5cm，叶柄被白色疏柔毛；小叶倒卵长圆形，长 5~8mm，宽 3~4mm，顶端截平，有 3 齿，基部楔形，两面绿色，被白色疏柔毛，幼时较密；托叶膜质，褐色，扩大，外面被稀疏长柔毛。花茎高 2~5cm。花 1~2 顶生；花直径 4~8mm；萼片 4，三角卵形，顶端急尖或圆钝，副萼片细小，披针形或卵形，顶端渐尖至急尖，与萼片近等长或稍短；花瓣 4，黄色，倒卵长圆形，与萼片近等长或稍长；雄蕊 4；花柱侧生。瘦果光滑。花果期 5—8 月。

生　　境：生于山坡草地及岩石缝中，海拔 3000~5400m。

砂生地蔷薇 *Chamaerhodos sabulosa* Bunge

形态特征：多年生草本，高 6~10（18）cm。茎丛生，被短柔毛和腺毛。基生叶莲座状，二回羽状 3 深裂，裂片条状倒披针形，两面灰色，被柔毛和腺毛；托叶不裂；茎生叶与基生叶相似，裂片少或不裂。圆锥状聚伞花序，顶生；苞片条形，不裂；萼筒钟形或倒圆锥形，萼片三角状卵形，直立，与萼筒等长或稍长，被毛；花瓣粉红色或白色，倒长卵形，比萼片短或等长；雄蕊 5；雌蕊 6~10，子房卵形，花柱基生。瘦果窄卵形，棕黄色。花期 6—7 月，果期 8—9 月。

生　　境：生于河边砂地、干河滩及干旱荒漠草原，海拔 1100~2200m。

宽刺蔷薇 *Rosa platyacantha* Schrenk

形态特征：灌木，高 1~2m。小枝暗红色，刺同形，基部宽，灰白色或红褐色。小叶 5~9，连叶柄长 3~5cm，近圆形或长圆形，长 6~12mm，先端圆钝，基部宽楔形，两面无毛或背面沿脉有散生柔毛，边缘有锯齿；托叶与叶柄连合，具耳，有腺齿。花单生叶腋；梗长 1.5~4cm，无毛，果期上部增粗；萼片短于花瓣，披针形，顶端稍扩展，边缘内面有茸毛；花瓣黄色，倒卵形，先端微凹；花柱离生，稍伸出萼筒口外，比雄蕊短。果球形，直径 1~2cm，成熟时黑紫色；萼片直立，宿存。花期 5—6 月，果期 7—8 月。

生　　境：生于河滩地、碎石坡地或沟谷灌丛，海拔 1400~2400m。

疏花蔷薇 *Rosa laxa* Retz.

形态特征：小灌木，高 1~2m。当年生枝条具细弱而直的皮刺，老枝刺大，坚硬，基部扩展成扁三角形，淡黄色。小叶常 5~9；小叶片近圆形或卵圆形，近革质，无毛或稍有茸毛；叶柄有稀疏腺毛；托叶离生部分披针形或卵形，边缘具腺。花单生，有时 2~4 朵；花梗长 1~2cm，密被腺毛；花直径 3~4cm；花托球形，外被腺毛；萼片披针形，外面具腺；花瓣白色，稀粉红色；花柱离生，被毛；苞片卵形或卵状披针形，边缘具腺；果实长圆状卵圆形，少球形，直径 1.5~2cm，深红色，密被腺状刺毛。花期 5—6 月，果期 7—8 月。

生　　境：生于山坡灌丛、干沟边或河谷旁，海拔 1150m 左右。

大果蔷薇（藏边蔷薇）*Rosa webbiana* Wall. ex Royle

形态特征：灌木，高可达 2m。小枝细弱，有散生或成对直立、圆柱形黄色皮刺。小叶 5~9；小叶片倒卵形或宽椭圆形，正面无毛，背面无毛或沿脉微被短柔毛；托叶大部贴生于叶柄，边缘有腺。花单生，稀 2~3 朵；苞片卵形，边缘有腺齿；花梗长 1~1.5cm，花梗和萼筒无毛或有腺毛；花直径 3.5~5cm；萼片三角状披针形，外面有腺毛，内面密被短柔毛；花瓣淡红色或玫瑰红色，宽倒卵形；花柱离生，比雄蕊短很多。果近球形或卵球形，直径 1.5~2cm，亮红色，下垂，萼片宿存开展。花期 6—7 月，果期 7—9 月。

生　　境：生于干旱坡地及灌丛，海拔 2800m 左右。

腺毛蔷薇 *Rosa fedtschenkoana* Regel

形态特征：小灌木，高1~2m。当年生枝条具细弱而直的皮刺，老枝刺大，坚硬，基部扩展成扁三角形，淡黄色。小叶常5~9；小叶片近圆形或卵圆形，近革质，无毛或稍有茸毛；叶柄有稀疏腺毛；托叶离生部分披针形或卵形，边缘具腺。花单生，有时2~4朵；苞片卵形或卵状披针形，边缘具腺；花梗长1~2cm，密被腺毛；花直径3~4cm；花托球形，外被腺毛，稀光滑；萼片披针形，外面具腺；花瓣白色，稀粉红色；花柱离生，被毛。果实长圆状卵圆形，直径1.5~2cm，深红色，密被腺状刺毛。花期6—7月，果期7—8月。

生　　境：生于河滩灌丛及干旱坡地，海拔1400~2800m。

矮蔷薇 *Rosa nanothamnus* Bouleng.

形态特征：灌木，高1~2m。枝条开展，有刺，花枝短，刺细直，仅在基部扩展，散生或成对，萌枝刺异型。小叶5~9，圆形或卵圆形，两面无毛或背面被茸毛，有时沿脉有小腺体；叶柄被茸毛或无毛，多少具腺体或小刺；托叶狭窄，具三角形的耳，边缘常具腺。花1~3朵，粉红色或白色，直径2~3.5cm；花梗被茸毛或无；花托圆形或卵圆形，被腺毛；萼片披针形，外面被腺毛，边缘和内面被茸毛。果实球形或卵球形，表面有稀疏腺刺毛，有时脱落，红色，萼片宿存。花期6月，果期8月。

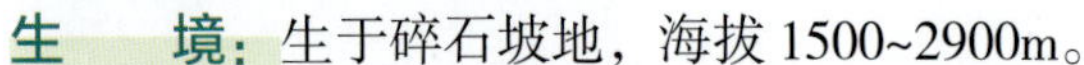

生　　境：生于碎石坡地，海拔1500~2900m。

豆科 Leguminosae

苦豆子 *Sophora alopecuroides* L.

形态特征：多年生草本，或基部木质化成半灌木状，枝条密生灰色平贴绢毛。羽状复叶长 6~15cm；叶轴密生灰色平贴绢毛；小叶 15~25，矩圆状披针形或矩圆形，长 1.5~2.8cm，宽 7~10mm，两面密生平贴绢毛。总状花序顶生，长 12~15cm；花密生，萼钟状，长约 8mm，密生平贴绢毛；花冠黄色，较萼长 2~3 倍。荚果串珠状，长 3~7cm，密生短细而平伏的绢毛。种子 6~12 粒。花期 5—6 月，果期 8—10 月。

生　　境：生于干旱沙漠和草原边缘地带，海拔 1100~2200m。

高山野决明 *Thermopsis alpina* (Pall.) Ledeb.

形态特征：多年生草本。茎高 15~30cm，疏被长柔毛。托叶 2，基部连合，长椭圆形或卵形；小叶 3，长椭圆形或长椭圆状倒卵形，长 2~4.5cm，宽 8~18mm，先端急尖或钝，基部圆楔形，两面有长柔毛，背面毛较密。总状花序顶生；苞片每 3 个轮生，基部连合，密生长柔毛；花少数，轮生，长 2~3cm；萼筒状，长 1.3~1.7cm，密生长柔毛；花冠黄色。荚果长椭圆形，扁平，微作镰形弯曲或直。种子 3~5 粒。花期 5—7 月，果期 7—8 月。

生　　境：生于高山冻原、苔原、砾质荒漠、草原和河滩沙地，海拔 2400~4800m。

披针叶野决明 *Thermopsis lanceolata* R. Br.

形态特征：多年生草本，高 10~40cm。茎密生平伏长柔毛。托叶 2，基部连合；小叶 3，矩圆状倒卵形至倒披针形，长 2.5~8.5cm，宽 7~20mm，背面密生平伏短柔毛。总状花序顶生；苞片 3 个轮生，基部连合；花轮生，长约 3cm；萼筒状，长约 1.6cm，密生平伏短柔毛；花冠黄色。荚果条形，长 5~9cm，宽 7~12mm，密生短柔毛，扁。种子 6~14 粒；种子肾形，黑褐色，有光泽。花期 5—7 月，果期 6—10 月。

生　　境：生于山坡草地或草原沙丘、河岸和沙砾滩，海拔 2000~4700m。

新疆百脉根 *Lotus frondosus* (Freyn) Kupr.

形态特征：多年生草本，植株高 10~35cm，无毛或上部茎叶微被柔毛。羽状复叶具小叶 5 枚，顶端 3 枚斜倒卵形，下端 2 枚斜心形，两面被长柔毛；小叶柄短，几无毛。伞形花序；花序梗长 2~5cm。花 2~4，长 0.8~1.1cm；基部有 3 枚叶状苞片，苞片与萼等长；花萼钟形，长约 6mm，被长柔毛，萼齿三角形，稍长于萼筒；花冠黄色，旗瓣圆形，长于翼瓣和龙骨瓣，瓣片渐窄成瓣柄，翼瓣宽长圆形，龙骨瓣稍长于翼瓣。花期 5—8 月，果期 7—10 月。

生　　境：生于湿润的盐碱草滩和沼泽边缘，海拔 1100~2100m。

细叶百脉根 *Lotus tenuis* Waldst. & Kit. ex Willd.

形态特征：多年生草本，高 20~100cm。小叶 5，生叶柄基部的 2 枚小叶较顶端的 3 枚小叶小；小叶披针形或倒披针形，长 5~15mm，宽约 3mm，先端急尖，基部圆形；叶柄长约 4mm，几无小叶柄。花常 1~3 朵排列成伞形花序，具叶状总苞；花萼宽钟形，萼齿狭三角形，外面有长硬毛；花冠黄色，长约 7mm，旗瓣顶端圆形，翼瓣与龙骨瓣几等长。荚果圆柱形，长 1.5~2.5cm，干后棕褐色。含种子多数，种子细小，棕色。花期 5—8 月，果期 7—9 月。

生　　境：生于潮湿的沼泽地边缘或湖旁草地，海拔 1100~2100m。

白花草木樨 *Melilotus albus* Medic.

形态特征：二年生草本，高 1~3m。茎直立；全草有香气。叶具 3 小叶；小叶椭圆形或披针状椭圆形，长 2~3.5cm，宽 0.5~1.2cm，先端截形，微凹陷，边缘具细齿；托叶狭三角形，先端尖锐呈尾状，基部宽，长可达 8mm。总状花序腋生；萼钟状，有微柔毛，萼齿三角形，与萼筒等长；花冠白色，较萼长，旗瓣比翼瓣稍长。荚果卵球形，灰棕色，具突起脉网，无毛。种子 1~2 粒；褐黄色。花果期 6—8 月。

生　　境：生于田边、路旁荒地及湿润的砂地，海拔 1100~1700m。

草木樨 *Melilotus officinalis* (L.) Lam.

形态特征：一年生或二年生草本，高 50~100cm。全草具香气。茎直立，多分枝，无毛。羽状三出复叶，叶片长 1~2.5cm，宽 0.3~0.8cm，先端钝，中脉成短尖头，边缘具疏细齿；托叶线条形，长约 5mm，全缘。总状花序腋生，长穗状，长 10~20cm；花萼钟形，萼齿狭三角形，与萼筒近等长；花冠黄色，长 3~4mm，旗瓣长于翼瓣。荚果卵圆形，下垂，长 3~4mm，具突起网脉，无毛。种子 1 粒，褐色。花果期 6—8 月。

生　　境：生于平原绿洲、山地农区及附近的草甸、河谷，海拔 1100~1650m。

克什米尔苜蓿 *Medicago cachemiriana* (Camb.) D. f. Cui

形态特征：多年生草本，高 20~50cm。羽状三出复叶，小叶片倒卵形，长 6~10mm，宽 5~7mm，正面近无毛，背面微被柔毛，中间小叶柄长 4~6mm；托叶三角状披针形，边缘具齿或上部者全缘。总状花序腋生，具花 5~10；花瓣长 8~12mm，龙骨瓣长于翼瓣；花萼钟形，表面被毛；花冠黄色、黄绿色，近等长于旗瓣。荚果长圆形，微弯曲，扁平，具细网状脉纹，长 10~15mm，宽 4~5mm。种子 2~4 粒，褐色，卵状肾形。花果期 6—8 月。

生　　境：生于帕米尔高原山地石坡和高山河谷乱石滩，海拔 3000~4000m。

天蓝苜蓿 *Medicago lupulina* L.

形态特征：一年生草本。茎高20~50cm，有疏毛。叶具3小叶；小叶宽倒卵形至棱形，长、宽均为0.7~2cm，先端钝圆，微缺，上部具锯齿，基部宽楔形，两面均有白色柔毛；小叶柄长3~7mm，有毛；托叶斜卵形，长5~12mm，宽2~7mm，有柔毛。花10~15朵密集成头状花序；花萼钟状，有柔毛，萼筒短；花冠黄色，稍长于花萼。荚果弯成肾形，成熟时黑色，有疏柔毛。种子1粒，黄褐色。花果期6—8月。
生　　境：生于河谷草甸、农田边缘、撂荒地、弃耕地、盐碱地和低湿地，海拔1100~3000m。

镰荚苜蓿（野苜蓿）*Medicago falcata* L.

形态特征：多年生草本，高40~100cm。多分枝，有微毛。叶具3小叶；小叶椭圆形至倒披针形，长1.3~3cm，宽0.3~0.7cm，先端钝圆或微凹，顶端有中肋突出，上部叶缘具锯齿，背面有疏柔毛，侧生小叶较小；小叶柄长1~3mm；托叶披针形，先端尖。花10余朵呈簇生的短总状花序；花萼钟形，有白色柔毛，萼齿披针形，先端尖；花冠黄色，较萼长。荚果扁，矩形，弯曲，有柔毛。花果期6—9月。
生　　境：生于砂质偏旱耕地、山坡、草原及河岸杂草丛中，海拔1100~3400m。

白车轴草 *Trifolium repens* L.

形态特征：多年生草本，高 10~30cm。茎匍匐，无毛。叶具 3 小叶；小叶倒卵形至近倒心脏形，长 1.2~2cm，宽 1~1.5cm，先端圆或凹陷，基部楔形，边缘具细锯齿，正面无毛，背面微有毛；几无小叶柄；托叶椭圆形，抱茎。花序呈头状，有长总花梗；萼筒状，萼齿三角形，较萼筒短，均有微毛；花冠白色或淡红色。荚果倒卵状矩形，长约 3mm，包被于膜质、膨大、长约 1cm 的萼内。荚果内含种子 2~4 粒，褐色，近圆形。花果期 5—9 月。

生　　境：生于湿润草地、河岸或路边，海拔 1100~2900m。

草莓车轴草 *Trifolium fragiferum* L.

形态特征：多年生草本，高 10~30cm。茎外倾或平卧，通常无毛。掌状三出复叶；小叶具短柄，小叶片倒卵形或椭圆形，长 1~2cm，宽 0.5~1.5cm，两面几乎无毛；托叶卵状披针形，抱茎呈鞘状。花 10~30 朵密集成头状花序，具长 6~8cm 的总花梗；花萼钟形，被毛，结果时展开；花冠红色或粉红色，长 6~8mm；旗瓣椭圆形或矩圆形，长于翼瓣。荚果长圆状椭圆形，果期萼上部膨胀。种子 1~2 粒，褐色。花果期 5—8 月。

生　　境：生于平原区的绿洲及山区的低地草甸，海拔 1100~2900m。

苦马豆 *Sphaerophysa salsula* (Pall.) DC.

形态特征：半灌木或多年生草本。茎高达 60cm。小叶倒卵形或倒卵状长圆形，正面几无毛，背面被白色“丁”字毛。总状花序长于叶，有 6~16 花；花萼钟状，被白色柔毛；花冠初时鲜红色，后变紫红色，旗瓣瓣片近圆形，长 1.2~1.3cm，基部具短瓣柄，翼瓣长约 1.2cm，基部具微弯的短柄，龙骨瓣与翼瓣近等长；花柱弯曲，内侧疏被纵裂髯毛。荚果椭圆形或卵圆形，膨胀，疏被白色柔毛。花期 5—8 月，果期 6—9 月。
生　　境：生于山坡、草原、荒地、沙滩、戈壁绿洲、湿地、沟渠旁、河或湖岸边，海拔 1100~3180m。

铃铛刺 *Halimodendron halodendron* (Pall) Voss.

形态特征：灌木，高 0.5~2m。分枝密，具短枝；长枝褐色至灰黄色，有棱，无毛；当年生小枝密被白色短柔毛。叶轴宿存，呈针刺状；小叶倒披针形，初时两面密被银白色绢毛，后渐无毛。总状花序生 2~5 花；总花梗长 1.5~3cm，密被绢质长柔毛；花长 1~1.6cm；花萼长 5~6mm，密被长柔毛，萼齿三角形；旗瓣边缘稍反折，翼瓣与旗瓣近等长，龙骨瓣较翼瓣稍短。荚果背腹稍扁，无纵隔膜。种子微呈肾形。花期 7 月，果期 8 月。
生　　境：生于荒漠盐化沙土和河流沿岸的盐质土上，也常见于胡杨林下，海拔 1100~2400m。

鬼箭锦鸡儿 *Caragana jubata* (Pall.) Poir

形态特征：灌木，高 0.3~2m。树皮深褐色、绿灰色或灰褐色。羽状复叶有 4~6 对小叶；叶轴长 5~7cm，宿存，被疏柔毛；小叶长圆形，长 11~15mm，宽 4~6mm，绿色，被长柔毛；花梗单生，长约 0.5mm；花萼钟状管形，长 14~17mm，被长柔毛；花冠玫瑰红色、淡紫色、粉红色或近白色，长 27~32mm，旗瓣宽卵形，基部渐狭成长瓣柄，翼瓣近长圆形，瓣柄长为瓣片的 2/3~3/4，龙骨瓣先端斜截平而稍凹，瓣柄与瓣片近等长，耳短，三角形。荚果长约 3cm，宽 6~7mm。花期 6—7 月，果期 8—9 月。

生　　境：生于干旱山坡、灌丛、亚高山草甸、高山山谷草原或河滩，海拔 1200~4600m。

昆仑锦鸡儿 *Caragana polourensis* Franch.

形态特征：小灌木，高 30~50cm。树皮褐色或淡褐色，具不规则灰白色或褐色条棱，嫩枝密被短柔毛。假掌状复叶有 4 小叶，长 5~7mm；叶柄硬化成针刺，长 8~10mm；小叶倒卵形，长 6~10mm，宽 2~4mm，两面被伏贴短柔毛。花梗单生，被柔毛；花萼管状，长 8~10mm，萼齿三角形，基部不为囊状突起，密被柔毛；花冠黄色，长约 20mm，旗瓣近圆形或倒卵形，翼瓣长圆形，瓣柄短于瓣片，耳短，稍圆钝，龙骨瓣的瓣柄较瓣片短，耳短。荚果圆筒状，长 2.5~3.5cm。花期 4—5 月，果期 6—7 月。

生　　境：生于低山、河谷、干旱山坡、山坡灌丛、山前冲积扇平原带、冲积扇缘干沟、低山山麓路边石质盐渍化荒漠带及亚高山坡地，海拔 1300~3200m。

异齿黄芪 *Astragalus heterodontus* Boriss.

形态特征：多年生草本，高 10~25cm。茎基部分枝，被白色短伏贴柔毛；羽状复叶有 9~17 小叶，长 2~4cm；叶柄长 0.5~1.5cm；托叶革质，基部彼此多少合生，三角形，长 2~4mm，先端尖，背面被白色短伏贴柔毛；小叶椭圆形至长圆形，长 5~12mm，宽 2~4mm，先端钝，基部宽楔形，正面无毛，背后面被稀疏的白色短伏贴柔毛，具短小叶柄。总状花序生多数花，密集，呈头状，花序轴长 1~2cm，果期稍延伸；总花梗比叶长；苞片白色，膜质，披针形，长 1~2mm；花梗短，连同花序轴密被黑色柔毛；花萼钟状，长约 3mm，散生黑色柔毛，萼齿形状不一，下边 3 齿线状锥形，上边 2 齿狭三角形，长约为萼筒的 1/2；花冠青紫色，旗瓣倒卵状长圆形，长 7~8mm，先端微凹，基部渐狭成瓣柄，翼瓣长 5~6mm，瓣片卵形至长圆状卵形，先端钝圆，基部具短耳，瓣片比瓣柄长 2~2.5 倍，龙骨瓣长 4~5mm，瓣片半圆形，瓣柄长约 1.5mm；子房被伏贴柔毛，具短柄。荚果近球形，约 3mm，被白色混有黑色伏贴柔毛，具横纹。花果期 7—8 月。

生　　境：生于山谷草甸或河滩沙砾地，海拔 3260~4700m。

高山黄芪 *Astragalus alpinus* L.

形态特征：多年生草本，高达 50cm。茎直立或斜升，被白色柔毛，上部混生黑色柔毛。羽状复叶长 5~15cm，具 15~23 小叶；托叶草质，彼此离生，三角状披针形，长 3~5cm；小叶长卵形，顶端钝，具短尖头，基部圆，正面疏被白色柔毛或近无毛，背面毛较密。总状花序密生 7~15 花；花序梗较叶长或近等长；苞片膜质，线状披针形，长 2~3mm，无小苞片。花萼钟状，长 5~6mm，被黑色伏贴柔毛，萼齿线形，稍长于萼筒；花冠白色，旗瓣长圆状倒卵形，长 1~1.3cm，基部具短瓣柄，翼瓣长 7~9mm，瓣柄长约 2mm，龙骨瓣与旗瓣近等长，瓣片宽斧形，先端带紫色；子房窄卵圆形，密生黑色柔毛，具柄。荚果窄卵圆形，微弯曲，长 0.8~1cm，被黑色伏贴柔毛，具短喙，近假 2 室；果柄较宿萼稍长。花果期 7—8 月。

生　　境：生于山坡草地、河漫滩，海拔 1100~3200m。

帕米尔黄芪 *Astragalus pamirensis* Franch.

形态特征：多年生草本，高 5~20cm。茎短缩，散生白色柔毛。奇数羽状复叶基生，叶长 5~20cm，有小叶 12~20 轮，每轮 4~6；叶柄长 2~5cm；托叶下部者卵形，上部者长圆状披针形，长 8~12mm，膜质，带红色，边缘具丝状缘毛；小叶长圆形或长圆状卵形，长 4~9mm，宽 2~4.5mm，正面无毛，背面密被白色柔毛。总状花序生花 5~10；总花梗通常基生，长 2~5cm；苞片狭披针形，长渐尖，长 4~6mm，下面散生白色柔毛；花萼管状，长 13~14mm，萼齿线状披针形；花冠黄色，干后带红色；旗瓣长 21~22mm，瓣片倒卵形或长圆状倒卵形，先端钝圆或微凹，基部渐狭，下部 1/3 处稍扩展呈角棱状，瓣柄长 4~5mm；翼瓣长 20~21mm，瓣片长圆形，上部较宽，基部具短耳，瓣柄长为瓣片的 1.5 倍；龙骨瓣长 17~18mm，瓣片半圆形，基部具短耳，瓣柄长为瓣片的 2 倍；子房狭卵形，密被长丝状毛，柄长 2~2.5mm。荚果长圆状卵形或倒卵形，长 14~17mm，先端具长约 2 mm 的短喙，果瓣薄革质，密被开展的白色长柔毛，不完全的 2 室。花期 5—7 月，果期 7—8 月。

生　　境：生于高山草地、砾石山坡或河漫滩，海拔 2500~4500m。

多枝黄芪 *Astragalus polycladus* Bur. & Franch.

形态特征：多年生草本，高 5~35cm。茎多数，纤细，丛生，平卧或上升，被灰白色伏贴柔毛或混有黑色毛。奇数羽状复叶，具小叶 11~23，长 2~6cm；叶柄长 0.5~1cm，向上逐渐变短；托叶离生，披针形，长 2~4mm；小叶披针形或近卵形，长 2~7mm，宽 1~3mm，先端钝尖或微凹，基部宽楔形，两面披白色伏贴柔毛，具短柄。总状花序生多数花，密集呈头状；总花梗腋生，较叶长；苞片膜质，线形，长 1~2mm，下面被伏贴柔毛；花梗极短；花萼钟状，长 2~3mm，外面被白色或混有黑色短伏贴毛，萼齿线形，与萼筒近等长；花冠红色或青紫色，旗瓣宽倒卵形，长 7~8mm，先端微凹，基部渐狭成瓣柄，翼瓣与旗瓣近等长或稍短，具短耳，瓣柄长约 2mm，龙骨瓣较翼瓣短，瓣片半圆形；子房线形，被白色或混有黑色短柔毛。荚果长圆形，微弯曲，长 5~8mm，先端尖，被白色或混有黑色伏贴柔毛，1 室，有种子 5~7 枚，果颈较宿萼短。花期 7—8 月，果期 9 月。

生　　境：生于高寒草原，海拔 3500~4300m。

藏新黄芪 *Astragalus tibetanus* Benth. ex Bunge

形态特征：多年生草本，高达35cm。茎纤细，斜升，被白色或黑色贴伏毛。羽状复叶长4~11cm，有21~41小叶；托叶中部以下合生，具长缘毛，三角状披针形；小叶窄长圆形或长圆状披针形，长0.5~1.8cm，先端圆，基部钝，两面或仅背面疏被白色伏贴毛。总状花序密生5~15花；花序梗与叶等长或稍长，疏生黑、白两色伏贴柔毛；苞片披针状卵形，长2~3mm；花萼管状，长7~8mm，被稍密的黑色伏毛，萼齿线状披针形，与萼齿近等长，内外均被黑色柔毛；苞片披针形，长2~3mm；花冠蓝紫色，旗瓣倒卵状披针形，长1.4~2cm，中部以下渐窄，瓣柄不明显，翼瓣长1.1~1.8cm，龙骨瓣长1~1.5cm；子房具短柄，被黑、白两色柔毛。荚果长圆形或线状长圆形，长1.3~1.7cm，具尖喙，稍弯，被黑毛混有白色半开展的单毛，假2室；果柄长3~4mm。花期6—8月，果期7—9月。

生　　境：生于山谷低洼湿地、地埂或山坡草地，海拔1100~3200m。

中天山黄芪 *Astragalus chomutovii* B. Fedtsch

形态特征：多年生低矮小草本，高2~8cm。茎短缩，具多数短缩分枝，密丛状。三出或羽状复叶，长1~4cm，有小叶3~5片；托叶小，合生，膜质，被白色毛和缘毛；小叶长圆形或倒披针形，长5~15mm，两面被白色伏贴毛。总状花序的花序轴短缩，长1~3cm，生5~15花，排列密集；总花梗纤细，与叶等长或稍短；苞片线状披针形，长3~4mm，膜质；花萼管状，长6~8mm，密被黑白混生的伏贴毛，萼齿线状披针形，长为萼筒的1/4~1/3；花冠浅蓝紫色，旗瓣长15~20mm，瓣片长圆状椭圆形，先端微凹，基部渐狭，翼瓣长12~18mm，瓣片长圆形，先端微凹或近于全缘，与瓣柄等长，龙骨瓣长10~14mm，瓣片较瓣柄稍短或与其等长。荚果长圆形，微弯，长6~10mm，膨大，被白色短茸毛，近1室。花期6—8月，果期7—8月。

生　　境：生于石质坡地或水边砾石地，海拔2000~3700m。

东天山黄芪 *Astragalus borodinii* Krassn.

形态特征：多年生丛生小草本，高 3~7cm。茎极短缩，地下部分有短分枝。羽状复叶有 3~5 片小叶，长 2~5cm；叶柄纤细，被伏贴毛；托叶基部与叶柄贴生，三角状卵圆形，密被柔弱为长毛；小叶倒卵状长圆形或卵圆形，先端钝或具短尖，长 8~20mm，两面密被伏贴毛，灰绿色。总状花序生 2~8 花，生于基部叶腋，几无总花梗；苞片线状披针形，较花萼稍短，被白色长毛；花萼管状，长 12~15mm，密被白色长毛，萼齿线状钻形，长为萼筒的 1/5~1/4；花冠淡粉红色，旗瓣长 27~30m，瓣片倒卵状长圆形，先端微凹，近基部渐狭，翼瓣长 22~27mm，瓣片线形，先端近圆形，与瓣柄等长，龙骨瓣较翼瓣短，瓣片较瓣柄短；子房被白色茸毛。荚果椭圆形，长 4~5mm，宽 3~4mm，近顶端突然收狭成短缘，腹缝线稍具龙骨状突起，背缝线微凹或扁平，革质，密被半开展的白色毛，近 1 室或近假 2 室。花期 5—6 月，果期 6—7 月。

生　　境：生于多石地带的山坡或河滩沙砾地，海拔 1700~3400m。

雪地黄芪 *Astragalus nivalis* Kar. & Kir.

形态特征：多年生草本，常密丛状，被灰白色伏贴毛。茎斜上，稀匍匐，高 8~25cm。羽状复叶有小叶 9~17，长 2~5cm；叶柄较叶轴短；托叶下部或达中部以上合生，分离部分三角形，长 3~4mm，被白毛，混生少量的黑毛；小叶圆形或卵圆形，长 2~5mm，顶端钝圆，两面被灰白色伏贴毛。总状花序圆球形，生数花；总花梗长度与叶相等或为叶的 1~2 倍，被白色毛，接近花序部分混生黑毛；苞片卵圆形，长 2~3mm，被白、黑色毛；花萼初期管状，长 8~11mm，果期膨大呈卵圆形，被伏贴或半开展的白毛和较少的黑毛，萼齿狭长三角形，先端钝，长约 1mm，有黑色粗毛；花冠淡蓝紫色；旗瓣长 15~22mm，瓣片长圆状倒卵形，先端微凹，下部 1/3 处收狭成瓣柄，翼瓣较旗瓣稍短，瓣片长圆形，上部微开展，先端 2 裂，较瓣柄短，龙骨瓣较翼瓣短，瓣柄较瓣片长。荚果卵状椭圆形，长 5~6mm，宽 3.5mm，薄革质，具短喙，有短柄，被开展的白毛和黑毛，假 2 室。花期 6—7 月，果期 7—8 月。

生　　境：生于山坡草地、干沙地或河漫滩，海拔 2100~4760m。

胶黄芪状棘豆 *Oxytropis tragacanthoides* Fisch.

形态特征：球形垫状矮灌木，高 5~20（30）cm，一般直径约 30cm。根粗壮而深，直径 1~1.5cm，褐色。茎很短，分枝多。奇数羽状复叶长 3~7cm；托叶膜质，锈色，无毛，上部边缘具白色纤毛；叶轴钻形，初时密被贴伏白色柔毛，叶脱落后变成无毛的扁粗刺，宿存；小叶 7~11（13），长 6~9mm，宽 2~3.5mm，无小刺尖，基部圆形或狭，两面密被贴伏绢状毛。2~5 花组成短总状花序；总花梗较叶短，密被白色绢状柔毛；苞片线状披针形，长 3~5mm，被绢状毛；花萼筒状，长 10~14mm，宽约 4mm，密被白色长柔毛，萼齿线状钻形，长 2~4mm；花冠紫色或紫红色；旗瓣长 19~23mm，瓣片宽椭圆形或宽卵形，先端圆或微凹；翼瓣长 17~19mm，瓣片上部极扩展，先端斜截形，凹陷；龙骨瓣长 14~16mm，喙长约 2mm；子房几无柄，密被绢状毛，胚珠多数。荚果球状卵形，长 20~22mm，宽 10~12mm，疏被白色和褐色柔毛，腹隔膜宽 1~1.5mm，不完全 2 室。花期 6—8 月，果期 7—8 月。

生　　境：生于干旱石质山地、山地河谷砾石沙土地及冲积扇上，有时在山地阴坡及山顶成片生长，常出现在灌丛草原或草原上，海拔 2040~4400m。

小花棘豆 *Oxytropis glabra* (Lam.) DC.

形态特征：多年生草本，茎高 20~80cm。多分枝，直立或平铺，有疏毛。托叶矩圆状卵形，基部连合，与叶柄分离；小叶 9~13，矩圆形，长 7~18mm，宽 2~6mm，先端渐尖，有突尖，基部圆，正面无毛，背面有疏柔毛。花稀疏，排成腋生总状花序；总花梗长 5~9cm，通常较叶长；花萼筒状，长约 42mm，宽约 2mm，疏生长柔毛，萼齿条形；花冠紫色，长约 7mm，旗瓣倒卵形，顶端近截形，浅凹或具细尖，龙骨瓣长约 5mm，先端有喙。荚果下垂，长椭圆形，膨胀，长 1~1.7cm，宽 4~7mm，密生长柔毛。花期 6—9 月，果期 7—9 月。

生　　境：生于山坡草地、砾石质山坡、河谷阶地、草地、荒地、田边、渠旁、沼泽草甸或盐土草滩上，海拔 1100~3450m。

米尔克棘豆 *Oxytropis merkensis* Bunge

形态特征：多年生草本。茎多分枝。奇数羽状复叶长 5~15cm，托叶与叶柄贴生很高，分离部分披针状钻形，基部三角形，被贴伏疏柔毛，边缘具刺纤毛；小叶 13~25，长圆形、宽椭圆状披针形或披针形，长 0.5~0.7（2）cm，两面被疏柔毛，边缘微卷。多花组成疏散总状花序，盛花期和果期伸长达 10~20cm；花序梗比叶长 1~2 倍，被贴伏白色疏柔毛，通常在上部混生白色柔毛；苞片锥形，被疏柔毛。花萼钟状，长 4~5mm，被贴伏黑色短疏柔毛，萼齿钻形，短于萼筒；花冠紫色或淡白色，旗瓣长 0.7~1cm，瓣片近圆形，先端微缺，瓣片比瓣柄长 1~1.5 倍，翼瓣与旗瓣等长或稍短，龙骨瓣等于或长于翼瓣，先端具暗紫色斑点，喙长 0.5~1mm。荚果宽椭圆状长圆形，纸质，下垂，长 1~1.2（1.6）cm，顶端短渐尖，被贴伏白色疏柔毛；果柄与花萼等长。花期 6—7 月，果期 7—8 月。

生　　境：生于高山石质草原、高山草甸、山地草原、河谷和山坡，海拔 1400~4000m。

宽柄棘豆 *Oxytropis platonychia* Bunge

形态特征：多年生草本。茎缩短，分枝极多，铺散，被长柔毛。羽状复叶长 2~3cm；托叶近草质，短卵形，与叶柄离生，彼此合生至中部，被开展疏柔毛；叶柄与叶轴于小叶之间具腺点；小叶 17（21）~25（37）。椭圆形，长 3~6（11）mm，宽 1.5~2（3）mm，先端急尖，两面被灰白色毡状柔毛。4~10 花组成头状总状花序，后期伸长；总花梗长 2~4cm，疏被开展柔毛，于花序下部混生黑色短柔毛；苞片披针形，长 2~3（4）mm，被开展白色和黑色长柔毛；花长约 18mm；花梗长 1~2mm，密被白色和黑色疏柔毛；花萼筒状钟形，密被短柔毛，萼齿线状锥形，与萼筒等长；花冠紫色，旗瓣长 16（14）~18mm，瓣片长圆形，中部收缩，上半部广椭圆形，下半部宽长圆形，于 1/4 处倒置，先端微缺，具小尖，翼瓣长圆状匙形，略短于旗瓣，先端微缺，龙骨瓣与翼瓣等长，喙长 3.5~4mm；子房密被绢状长柔毛，具长柄、胚珠 17~20。荚果膜质，广椭圆形或广椭圆状长圆形，膨胀，长 20~30mm，宽 10~15mm，密被绢状毛，喙短；果梗长 2~3mm。花期 6—8 月，果期 8—9 月。

生　　境：生于高山砾石质山坡，海拔 3500m。

帕米尔棘豆（庞氏棘豆）*Oxytropis poncinsii* Franch.

形态特征：多年生草本，高2~5cm。茎缩短，密丛生，密被银白色绢状柔毛。羽状复叶长2~5cm；托叶膜质，于高处与叶柄贴生，长8~15mm，分离部分长卵形；叶柄与叶轴被贴伏白色柔毛；小叶7~11，广椭圆状长圆形、长圆状线形，长3~7mm，宽1.5~3mm，两面密被贴伏白色柔毛。总状花序；总花梗几与叶等长，被贴伏柔毛；苞片披针形，长3~6mm，被柔毛；花长25mm；花萼筒状，长13~15mm，被开展白色和黑色绵毛，萼齿披针形，比萼筒短；花冠紫色，旗瓣长20~25mm，瓣片圆形，先端微缺，翼瓣长18~21mm，龙骨瓣略短于翼瓣，喙长1.5~2mm。荚果膜质，球状卵形，泡状，长20~25mm，宽10~15mm，被开展白色短绵毛，隔膜窄。花期6—7月，果期8月。

生　　境：生于高山草甸、高山石质荒漠、山坡草地和山谷，海拔1100~4600m。

雪地棘豆 *Oxytropis chionobia* Bunge

形态特征：多年生草本，高2~6cm。茎缩短，丛生，被银白色柔毛，密被枯萎叶柄。轮生羽状复叶长1~3cm；托叶膜质，宽卵形，于中部与叶柄贴生，分离部分三角形，先端尖；小叶10~12轮，每轮4~6片，狭卵形、披针形，长1~3mm，宽0.5~1.5mm，两面密被绢状柔毛。总状花序1或2花，稀3花；总花梗略短于叶，或与之等长，密被开展银白色柔毛，上部混生黑色柔毛；苞片披针形，长4~7mm，被白色或黑色柔毛；花长22mm；花萼筒状，密被白色绵毛，并混生黑色短柔毛，萼齿线状披针形，长约4mm，先端钝；花冠紫蓝色，旗瓣长16~22mm，瓣片卵形，宽约8mm，先端2浅裂，翼瓣长15~17mm，瓣片先端扩展，截形，龙骨瓣长14~16mm，喙长0.5~1mm；子房被毛，胚珠18~22。荚果薄革质，长圆状椭圆形，微膨胀，长13~20mm，宽5~7mm，喙长2mm，腹面具沟，背面龙骨状突起，密被白色和黑色短柔毛，隔膜宽2~3mm，不完全2室。种子圆肾形，长2mm，棕色。花期6—7月，果期7—8月。

生　　境：生于高山带砾石质山坡，海拔2900~4700m。

镰荚棘豆 *Oxytropis falcata* Bunge

形态特征：多年生草本，植株有黏性。茎极短。羽状复叶，长7~15cm；叶轴密生长柔毛；托叶有密长柔毛和腺体，下半部与叶柄连合；小叶25~45，对生或互生，少有4片轮生，条状披针形，长5~12mm，宽1~4mm，密生腺体和长柔毛。花多数，排成近头状的总状花序；总花梗与叶近等长；花萼筒状，长约18mm，宽约4mm，有密长柔毛和腺体，萼齿披针形，长4~5mm；花冠紫红色，旗瓣倒披针形，长约25mm，龙骨瓣有长约2mm的喙。荚果长2.5~3.5cm，宽6~8mm，稍呈镰刀状弯，稍膨胀，有腺体和短柔毛。花期5—8月，果期7—9月。

生　　境：生于高山草甸山坡、河漫滩草甸、沙丘或河谷，海拔2500~5200m。

小叶棘豆 *Oxytropis microphylla*（Pall）DC.

形态特征：多年生草本，高达30cm，植株具腺体；茎缩短，丛生。奇数羽状复叶长5~20cm；小叶7~12轮，每轮4~6，椭圆形、宽椭圆形、长圆形或近圆形，长2~8mm，边缘内卷，两面被开展白色长柔毛，或正面无毛，有时被腺点；托叶膜质，长0.6~1.2cm，先端尖，密被白色绵毛。多花组成头形总状花序；苞片草质，线状披针形，长约6mm，疏被白色长柔毛和腺点。花萼薄膜质，筒状，长约1.2cm，疏被白色绵毛和黑色短柔毛，密生具柄腺体，萼齿线状披针形；花冠蓝色或紫红色，旗瓣长1.6~2cm，宽0.6~1cm，瓣片宽椭圆形，先端微凹、2浅裂或圆，翼瓣长1.4~1.9cm，瓣片两侧不等的三角状匙形，先端斜截形而微凹，基部具长圆形的耳，龙骨瓣长1.3~1.6cm，瓣片两侧不等的宽椭圆形，喙长约2mm；子房线形，无毛。荚果硬革质，线状长圆形，稍呈镰状弯曲，长1.5~2.5cm，无毛，被瘤状腺点。花期5—9月，果期7—9月。

生　　境：生于沟边沙地、山坡草地、砾石地、河滩和田边，海拔1600~4300m。

胀果甘草 *Glycyrrhiza inflata* Batal.

形态特征：多年生草本，高 60~180cm。根与根状茎含甘草酸。茎直立，高 0.5~1.5m。羽状复叶长 4~20cm，有小叶 3~7（9），叶柄和叶轴均密被褐色鳞片状腺点；小叶卵形、椭圆形或长圆形，长 2~6cm，先端锐尖或钝，边缘微波状，两面被腺点和短柔毛。总状花序腋生。花萼钟状，密被橙黄色腺点和柔毛；花冠紫色或淡紫色，长 0.6~1cm。荚果椭圆形或长圆形，长 1.5~3cm，直，膨胀，被褐色腺点和刺毛状腺体，疏被长柔毛。种子 2（1）~9。花期 5—7 月，果期 6—10 月。

生　　境：生于荒漠沙丘底部、干旱古河道胡杨林下、河岸林缘、盐渍化河滩湿地、淤积平原、垦区盐碱弃耕地、农田或渠边等，海拔 1100~1600m。

甘草 *Glycyrrhiza uralensis* Fisch.

形态特征：多年生草本，高 40~120cm。根和根状茎含甘草酸。茎直立，有白色短毛和刺毛状腺体。羽状复叶；小叶 7~17，卵形或宽卵形，长 2~5cm，宽 1~3cm，先端急尖或钝，两面有短毛和腺体。总状花序腋生；花密集；花萼钟状，外面有短毛和刺毛状腺体；花冠蓝紫色，长 1.4~2.5cm。果穗球状，荚果长圆形、线形至长椭圆形，“之”字形折叠，外面密生刺毛状腺体。种子 6~8 粒。花期 6—8 月，果期 7—10 月。

生　　境：生于山坡灌丛、山谷溪边、河滩草地、轻度盐渍化草甸、垦区农田荒地或渠道边，海拔 1100~2300m。

光果甘草（洋甘草）*Glycyrrhiza glabra* L.

形态特征：多年生草本，高60~200cm。根与根状茎含甘草酸。茎直立。羽状复叶长5~14cm，有小叶11~17，叶柄密被黄褐色腺毛及长柔毛；小叶长圆状披针形或卵状披针形，正面近无毛，背面密被淡黄色鳞片状腺点，沿脉疏被短柔毛。总状花序腋生；花序梗密生鳞片状腺点、长柔毛和茸毛。花萼钟状，疏被黄色腺点和短柔毛；花冠紫色或淡紫色，长0.9~1.2cm。荚果密生成长圆形果序，果长圆形，直或微弯，无毛或疏被毛，有时有刺毛状腺体。花期5—6月，果期7—9月。

生　　境：生于河滩阶地、河岸胡杨林缘、芦苇滩、绿洲垦区农田地头、路边或荒地，海拔1100m。

骆驼刺 *Alhagi sparsifolia* Shap.

形态特征：半灌木，高25~40cm。茎直立，无毛或幼茎具短柔毛。叶互生，卵形、倒卵形或倒圆卵形，全缘，无毛。总状花序，花序轴变成坚硬的锐刺，刺长为叶的2~3倍，无毛，当年生枝条的刺上具花3~6（8）朵，老茎的刺上无花；花长8~10mm；花梗长1~3mm；花萼钟状，长4~5mm，被短柔毛；花冠深紫红色，旗瓣倒长卵形，长8~9mm，翼瓣长圆形，长为旗瓣的3/4，龙骨瓣与旗瓣约等长。荚果线形，几无毛。花期5—6月，果期7—8月。

生　　境：生于荒漠地区的沙地、河岸、农田边及低湿地，海拔1100~1800m。

刚毛岩黄芪 *Hedysarum setosum* Vved.

形态特征：多年生草本，高约 20cm。根颈向上分枝，形成多数地上茎。茎缩短，叶簇生状，仰卧或上升，长 6~10cm，被灰白色长柔毛；托叶三角状，棕褐色干膜质，长 8~10mm，合生至中部以上；小叶 9~13，具不明显小叶柄；小叶片卵形或卵状椭圆形，长 6~9mm，宽 3~15mm，先端急尖，基部楔形，正面被疏柔毛，背面被密的灰白色贴伏柔毛。总状花序腋生，超出叶长近 1 倍，总花梗长为花序的 2~4 倍，被灰白色向上贴伏的柔毛，花序阔卵形，长 3~4cm，具多数花，花后期时花序明显延伸，花的排列较疏散；花长 16~19mm，上部花序的花斜上升；苞片棕褐色，披针形，与花萼近等长，外被长柔毛；花萼针状，长 8~10mm，外被绢状毛；萼齿狭披针状钻形，长为萼筒的 2~2.5 倍；花冠玫瑰紫色，旗瓣倒阔卵形，长 17~18mm，先端圆形、微凹，中脉延伸成不明显的短尖头，基部渐狭成楔形的短柄，翼瓣线形，长为旗瓣的 3/4，龙骨瓣稍短于旗瓣，前端暗紫红色；子房线形，具 3~4 枚胚珠。花期 7—8 月，果期 8—9 月。

生　　境：生于亚高山和高山草原，海拔 2500 左右。

红花岩黄芪 *Hedysarum multijugum* Maxim.

形态特征：半灌木，高 40~80cm。茎有白色柔毛。羽状复叶；小叶 11~35，宽椭圆形，长 6~12mm，宽 3~6mm，正面无毛，背面有白色短柔毛；小叶柄短，与叶轴均有柔毛；托叶三角形，膜质，长约 3mm。总状花序腋生，花疏生；花萼斜钟状，萼齿比萼筒短；花冠红色或紫红色，旗瓣倒卵形，无爪，长 15~20mm，翼瓣狭长，长约 6mm，耳与爪近等长，龙骨瓣有爪，与旗瓣近等长；子房有柔毛。荚果扁平；荚节 2~3，近圆形，长宽均约 4mm，有肋纹和小刺，有白色柔毛。花期 6—8 月，果期 8—9 月。

生　　境：生于荒漠地区的砾石质洪积扇、河滩、河谷和砾石质山坡，海拔 1100~2800m。

小叶鹰嘴豆 *Cicer microphyllum* Benth.

形态特征：一年生草本。茎直立，高 15~40cm，被白色腺毛。托叶 5~7 裂，被白色腺毛；叶轴顶端具螺旋状卷须，具小叶 6~15 对，对生或互生，倒卵形，裂片上半部边缘具深锯齿，两面被白色腺毛。花单生于叶腋，花梗长 2.5~5cm，被腺毛；萼绿色，深 5 裂，裂片披针形，长 1.2cm，密被白色腺毛；花冠大，长约 2.4cm，蓝紫色或淡蓝色。荚果椭圆形，长 2.5~3.5cm，宽 1.3cm，密被白色短柔毛。种子椭圆形，成熟后呈黑色。花果期 6—8 月。

生　　境：生于阳坡草地、草原、河谷山地石坡或碎石堆，海拔 1600~3600m。

牻牛儿苗科 Geraniaceae

草地老鹳草 *Geranium pratense* L.

形态特征：多年生草本。具多数肉质粗根。茎直立，高 20~100cm，下部被倒生伏毛及腺毛，上部混生密的长腺毛。叶对生，直径 5~10cm，掌状 7~9 深裂，上部再羽状分裂或羽状缺刻，顶部叶常 3~5 深裂，两面均被短伏毛；基生叶多数，具长柄，柄长 10~20cm。花序生于小枝顶端，通常生花 2，花梗果期弯曲或倾斜，花序轴及花梗均被短柔毛和腺毛；萼片狭卵形，长 8~9mm，宽 3~4mm，密被短毛和腺毛；花瓣蓝紫色，宽倒卵形，长约 2cm，花丝黄色。蒴果长 1.5~2cm，具短柔毛和腺毛。花期 6—7 月，果期 7—9 月。

生　　境：生于山地草原、灌丛、河谷或山地石坡，海拔 1400~3100m。

丘陵老鹳草 *Geranium collinum* Steph.

形态特征： 多年生草本。具多数粗根。茎直立或斜升，高 15~40cm，被倒向伏毛或开展的长毛。叶对生，长 2~3cm，宽 3~4cm，掌状 5~7 深裂，上部叶掌状 3~5 裂，中上部羽状裂，叶被上疏下密长伏毛；基生叶和下部茎生叶具长柄，柄长 5~9cm，顶部叶无柄，叶柄上均有短伏毛。聚伞花序顶生，通常具花 2，花序轴和花梗均被倒向白色伏毛或开展柔毛；萼片椭圆形，略带绿色，长 6~7mm，边缘狭膜质，背面密被短伏毛；花冠倒卵形，长 1~1.5cm，花冠基部扩大部分具缘毛。蒴果长 1.5~2cm，被短毛。花果期 6—9 月。

生　　境： 生于平原至中山带，是习见杂草，海拔 2200~3500m。

石生老鹳草 *Geranium saxatile* Karelin & Kirilov

形态特征： 多年生草本。茎高 5~7cm，或无茎，密被倒向伏毛；根状茎短，具多数柱状肉质粗根，基部具多数淡褐色托叶。叶片近圆形，长 1.5~2.5cm，宽 2~3cm，掌状 5 深裂，裂片倒卵形，中上部再羽状裂，叶正面被向下伏毛，边缘有缘毛；基生叶具长柄，柄长 3~4cm，叶柄被短毛。聚伞花序顶生，花序轴长 2~4cm，通常有花 2；花梗细，长 1~2.5cm，花序轴和花梗上均被开展柔毛或杂有腺毛；萼片长圆状披针形，绿色，后变紫色，长 1~1.2cm，宽约 2.5mm，背部具 3 脉，沿脉有短毛，边缘宽膜质，具缘毛，顶端具短芒；花瓣紫红色，倒卵形，全缘，长 2~2.5cm，宽 1~1.2cm；花丝基部扩大部分具缘毛；花柱合生部分长约 4mm，分枝部分长约 1mm。蒴果。花果期 6—9 月。

生　　境： 生于高山和亚高山草甸，海拔 1600~3700m。

白刺科 Nitrariaceae

帕米尔白刺 *Nitraria pamirica* Vassil.

形态特征：矮灌木，高 15~30cm。茎由基部多分枝，枝常伏卧。叶长 18~25mm，宽 4~5mm，全缘。花序生于枝端，花梗及花序轴密被伏生短柔毛；花萼宿存，稍有毛或无毛；花瓣白色，矩圆状卵形，长 3~4mm，宽 1.5~2mm。果鲜红色，干时较暗，有时近黑色，卵形，长 8~9mm，直径 5~6mm，成熟时果汁鲜红色，后渐变为深红色；果核矩圆状圆锥形，长 6.5（5）~7.5（8）mm，稍三棱状，上部具 6~7 棱。花期 5—6 月，果期 6—7 月。

生　　境：生于高山荒漠带岩石边、河流沿岸及湖岸边盐碱地，海拔 2300~3500m。

唐古特白刺 *Nitraria tangutorum* Bobrov

形态特征：灌木，高 1~2m。多分枝，弯、平卧或开展；不孕枝先端刺针状；嫩枝白色。叶在嫩枝上 2~3（4）片簇生，宽倒披针形，长 18~30mm，宽 6~8mm，先端圆钝，基部渐窄成楔形，全缘，稀先端齿裂。花排列较密集。核果卵形，有时椭圆形，熟时深红色，果汁玫瑰红色，长 8~12mm，直径 6~9mm。果核狭卵形，长 5~6mm，先端短渐尖。花期 5—6 月，果期 7—8 月。

生　　境：生于荒漠草原至荒漠带的湖盆边缘、河流阶地、盐化低洼地，海拔 1100~2500m。

泡泡刺 *Nitraria sphaerocarpa* Maxim.

形态特征： 灌木，枝平卧，长30~60cm，嫩枝白色。叶近无柄，2~3片簇生，条形或倒披针状条形，全缘，长5~25mm，宽2~4mm，先端稍锐尖或钝。花序长2~4cm，被短柔毛，黄灰色；花梗长1~5mm；萼片5，绿色，被柔毛；花瓣白色，长约2mm。果未熟时披针形，密被黄褐色柔毛，成熟时外果皮干膜质，膨胀成球形，果直径约1cm；果核狭纺锤形，长6~8mm，先端渐尖，表面具蜂窝状小孔。花期5—6月，果期6—7月。

生　　境： 生于荒漠、山前平原和沙砾质平坦沙地，海拔1100~1280m。

骆驼蓬科 Peganaceae

骆驼蓬 *Peganum harmala* L.

形态特征： 多年生草本，高30~80cm，无毛。根多数，粗达2cm。茎直立或开展，由基部多分枝。叶互生，卵形，全裂为3~5条形或披针状条形裂片。花单生枝端；萼片5，裂片条形，长1.5~2cm，有时仅顶端分裂；花瓣黄白色，倒卵状矩圆形，长1.5~2cm，宽6~9mm；雄蕊15，花丝近基部宽展；子房3室，花柱3。蒴果近球形，种子三棱形，黑褐色。花期5—6月，果期7—8月。

生　　境： 生于荒漠地带干旱草地、绿洲边缘及盐碱化荒地，海拔1100~1700m。

蒺藜科 Zygophyllaceae

蒺藜 *Tribulus terrestris* L.

形态特征：一年生草本。茎平卧，无毛，被长柔毛或长硬毛，枝长20~60cm。偶数羽状复叶，长1.5~5cm；小叶对生，3~8对，矩圆形或斜短圆形，长5~10mm，宽2~5mm，先端锐尖或钝，被柔毛。花腋生，花梗短于叶，花黄色；萼片5，宿存；花瓣5；雄蕊10，生于花盘基部，基部有鳞片状腺体；子房5棱。果有分果瓣5，硬，中部边缘有锐刺2枚，下部常有小锐刺2枚。花期4—5月，果期6—7月。

生　　境：生于荒地、山坡、路旁、田间、居民点附近，在荒漠区常见于石质残丘坡地、白刺堆间沙地及干河床边，海拔1100~1667m。

粗茎（洛奇）驼蹄瓣 *Zygophyllum loczyi* Kanitz

形态特征：多年生草本，高5~25cm。茎开展或直立。托叶膜质或草质，上部的托叶分离，三角状；叶柄短于小叶，具翼；茎上部的小叶常1对，中下部的2~3对，椭圆形或斜倒卵形，长6~25mm，宽4~15mm。花梗长2~6mm，1~2腋生；萼片5，椭圆形，长5~6mm，绿色，具白色膜质缘；花瓣近卵形，橘红色，短于萼片或近等长；雄蕊短于花瓣。蒴果圆柱形，无翅；种子多数，卵形。花期5—6月，果期6—7月。

生　　境：生于山前洪积平原、砾质戈壁、盐化沙地，海拔1100~2800m。

帕米尔驼蹄瓣 *Zygophyllum pamiricum* Grub.

形态特征：多年生草本，高 5~15cm。茎多数。托叶长 2~2.5mm，边缘宽膜质；叶具 1 对小叶，小叶长 7~13mm，宽 6~10mm，偏斜，卵形。花 5 数；花梗长 4~5mm，果期下垂；花萼长 4~6mm，其中 3 枚宽 3~5mm，另两枚较窄，椭圆形，钝，绿色至浅红色，边缘白膜质；花瓣长 7~8mm，白色，基部橙或红色；雄蕊 10，伸出花冠；花柱长 4~6mm。蒴果长 2.5~3cm，宽 4~5mm，线状披针形，5 棱，马刀形弯曲，瓣裂。种子长 2~3mm，长圆状卵形。花期 6—7 月，果期 8—9 月。

生　　境：生于干旱石质荒漠，海拔 3200m。

石生霸王 *Zygophyllum rosovii* Bunge

形态特征：多年生草本，高 15~20cm。茎基部多分枝，无毛。托叶离生，卵形，长 2~3mm，白色膜质；叶柄长 2~7mm；小叶 1 对，卵形，长 0.8~1.8cm，宽 5~8mm。花 1~2 腋生；花梗长 5~6mm；萼片椭圆形，边缘膜质；花瓣倒卵形，与萼片近等长，先端圆，白色，下部橘红色，具爪；雄蕊长于花瓣，橙黄色。蒴果条状披针形，长 1.8~2.5cm，宽约 5mm，先端渐尖，稍弯或镰状弯曲，下垂；种子长圆状卵形。花期 5—6 月，果期 7—8 月。

生　　境：生于荒漠和草原化荒漠砾石山坡，海拔 1100~3200m。

霸王（驼蹄瓣）*Zygophyllum fabago* L.

形态特征：多年生草本，高达 80cm。托叶革质，卵形或椭圆形，长 0.4~1cm，绿色，茎中部以下托叶连合，上部托叶披针形；叶柄短于小叶；小叶 1 对，倒卵形或长圆状倒卵形，长 1.5~3.3cm，宽 0.6~2cm。花梗长 0.4~1cm；萼片卵形或椭圆形，边缘白色膜质；花瓣倒卵形，与萼片近等长，下部橘红色；雄蕊长 1.1~1.2cm。蒴果长圆形或圆柱形，长 2~3.5cm，直径 4~5mm，具 5 棱，下垂；种子多数，具斑点。花期 5—6 月，果期 6—9 月。

生　　境：生于荒漠草原、山前洪积扇、砾石沙地或荒漠河谷，海拔 1100~1200m。

长梗霸王（长梗驼蹄瓣）*Zygophyllum obliquum* M. Pop

形态特征：多年生草本，高 35~40cm。茎下部托叶合生，上部托叶分离，宽卵形、矩圆形或披针形，边缘狭膜质；叶柄具翼；小叶 1 对，斜卵形，长 10~20mm，宽 7~10mm，灰蓝色，先端锐尖。花梗长 10~18mm，1~2 个生于叶腋；萼片 5，卵形或矩圆形，边缘膜质；花瓣倒卵形，长 6~10mm，下部橘红色；雄蕊短于花瓣。蒴果圆柱形，长约 3cm，粗 5~8mm，具 5 棱，果竖立。种子卵形。花期 6—7 月，果期 8—9 月。

生　　境：生于低山坡、河滩沙砾地或草原带河谷，海拔 2400~3500m。

远志科 Polygalaceae

新疆远志 *Polygala hybrida* DC.

形态特征：多年生草本，高 15~40cm。叶椭圆形至狭披针形，长 7~50mm，宽 3~5mm。总状花序顶生，生密花；花淡紫红色，长约 5mm；萼片宿存，外轮 3 片甚小，内轮 2 片花瓣状；花瓣 3，中间龙骨瓣背面顶部有撕裂成条的鸡冠状附属物，两侧花瓣矩圆状倒披针形，2/3 部分与花丝鞘贴生；雄蕊 8，花丝几全部合生成鞘并在下部 3/4 贴生于龙骨瓣，上端分为 2 组。蒴果椭圆状倒心形。种子 2，密被绢毛。花期 5—7 月，果期 6—9 月。

生　　境：多生在山坡草地、沟边或河漫滩砂质土上，海拔 1300~2800m。

大戟科 Euphorbiaceae

地锦 *Euphorbia humifusa* Willd. ex Schlecht.

形态特征：一年生草本。茎匍匐，带红紫色，无毛。叶通常对生，矩圆形，长 5~10mm，宽 4~6mm，基部偏斜，边缘有细锯齿，绿色或带淡红色，两面无毛或有时疏生短柔毛。杯状花序单生于叶腋；总苞倒圆锥形，浅红色，顶端 4 裂，裂片长三角形；腺体 4，横矩圆形，具白色花瓣状附属物。子房 3 室；花柱 3。蒴果三棱状球形，无毛。种子卵形外被白色蜡粉。花果期 6—9 月。

生　　境：生于山间谷地、砾石山坡、荒地及路旁沙地，海拔 1100~1200m。

西藏大戟 *Euphorbia tibetica* Boiss.

形态特征：多年生草本，高 10~15（30）cm。茎基部极多分枝，分枝纤细。叶互生，狭卵圆形或椭圆形，长 8~15mm，宽 3~6mm；总苞叶 2 枚，卵状三角形。花序单生；总苞陀螺状，高 3.5~4.5mm，直径 3~5mm，边缘 5 裂，裂片全缘，内弯；腺体 5，横长圆形，边缘全缘。雄花多数，略伸出于总苞外；雌花 1 枚；花柱极短，3 枚。蒴果成熟时分裂为 3 个分果爿。种子卵球状，褐色至黑褐色；种阜三角状，大而黄色。花果期 6—9 月。

生　　境：生于高山带的砾石山坡、沙滩或沙地，海拔达 5000m。

锦葵科 Malvaceae

野葵 *Malva verticillata* L.

形态特征：二年生草本，高 50~100cm。茎直立，有星状长柔毛。叶互生，肾形至圆形，掌状 5~7 浅裂，两面被极疏糙伏毛或几无毛；叶柄长 2~8cm；托叶有星状柔毛。花小，淡红色，常丛生叶腋间；小苞片 3，有细毛；萼杯状 5，齿裂；花瓣 5，倒卵形，顶端凹入；子房 10~11 室。果扁圆形，由 10~11 心皮组成，熟时心皮彼此分离并与中轴脱离。花果期 4—10 月。

生　　境：生于平原绿洲的庭园、路旁及山坡等，海拔 1100~3200m。

苘麻 *Abutilon theophrasti* Medic.

形态特征：一年生半灌木状草本，高 1~2m。茎有柔毛。叶互生，圆心形，长 5~10cm，两面密生星状柔毛；叶柄长 3~12cm。花单生叶腋；花梗长 1~3cm，近端处有节；花萼杯状，5 裂；花黄色，花瓣倒卵形，长 1cm；心皮 15~20，排列成轮状。蒴果半球形，直径 2cm，分果爿 15~20，有粗毛，顶端有 2 长芒。花果期 7—10 月。

生　　境：生于绿洲地带田边、路旁、沟边及河岸等，海拔 1100~2200m。

野西瓜苗 *Hibiscus trionum* L.

形态特征：一年生草本，高 30~60cm。茎柔软，具白色星状粗毛。下部叶圆形，不分裂，上部叶掌状 3~5 全裂；裂片倒卵形，通常羽状分裂，两面有星状粗刺毛；叶柄长 2~4cm。花单生叶腋；花梗果时延长达 4cm；小苞片 12，条形，长 8mm；萼钟形，淡绿色，长 1.5~2cm，裂片 5，膜质，三角形，有紫色条纹；花冠淡黄色，内面基部紫色，直径 2~3cm。蒴果矩圆状球形，有粗毛，果瓣 5。花期 7—10 月。

生　　境：生于绿洲地带田间、路旁及荒地等处，海拔 1100~2200m。

柽柳科 Tamaricaceae

琵琶柴 *Reaumuria soongorica* (Pall.) Maxim.

形态特征：小灌木，高10~30cm。叶肉质，圆柱形，上部稍粗，长1~5mm，宽1mm，顶端钝，常4~6枚簇生。花单生叶腋或为少花的穗状花序，无梗，直径4mm；萼钟形，质厚，5裂，下部一半合生；花瓣5，张开，白色略带淡红，矩圆形，长3~4.5mm，近中部有2个倒披针形附属物；雄蕊6~8，少有12；花柱3个，分离。蒴果纺锤形，3瓣裂。种子全部有淡褐色毛。花期6—8月，果期8—9月。

生　　境：生于山地丘陵、剥蚀残丘、山麓淤积平原、山前沙砾和砾质洪积扇，海拔1100~3200m。

新疆琵琶柴（五柱红砂）*Reaumuria kaschgarica* Rupr.

形态特征：矮灌木，高10~30cm。垫状枝质密。叶肉质棒状，长4~10mm，宽0.6~1mm。花单生于枝顶，无花梗；苞片3~4，长3~4mm；花萼5，深裂，长2~4mm，裂片卵状披针形，外伸，边缘膜质；花瓣5，粉红色，椭圆形，长5mm，宽2.5mm，里面有2片矩圆形鳞片，长为花瓣的1/3；雄蕊约15，花丝基部合生；花柱5。蒴果长圆状卵形，5瓣裂。种子细小，被褐色长毛。花期5—8月，果期8月。

生　　境：生于山前砾质洪积扇、低山的盐土荒漠或多石荒漠草原，海拔1300~3000m。

密花柽柳 *Tamarix arceuthoides* Bunge

形态特征：灌木，高 1~3（4）m。枝红紫色。叶卵状披针形，长 1~2mm。总状花序长 3~6（9）cm，几无柄，通常组成顶生圆锥花序，夏初出现，侧生去年老枝；苞片卵形或条状披针形，钻状渐尖，长于花梗；花 5 出；花瓣比萼长近 2 倍，萼片卵状三角形；花瓣张开，倒卵形，长 1~1.7（2）mm，白色、粉红色至紫色；花盘常 10 裂（有时 5 深裂）；雄蕊 5，花丝长于花瓣 1.2~2 倍。蒴果小，长约 3mm。花果期 5—9 月。

生　　境：生于山地和山前河流两旁的沙砾戈壁滩上及季节性流水的干砂、砾质河床、砾质河谷湿地，海拔 1100~2000m。

刚毛柽柳 *Tamarix hispida* Willd.

形态特征：灌木，高 1.5~4.5m。枝灰红色、淡红色或灰色，密生细刚毛。叶卵形至卵状披针形，长 0.5~2mm。总状花序出自幼枝，顶生，密集，长 4~7（17）cm，宽 2~5mm，组成顶生圆锥花序；苞片披针形；花 5 出，花梗长几等于萼；萼片长 1~1.3mm，宽卵形，钝；花瓣卵形或狭椭圆形，紫红色、红色，花后散落；花丝基部宽，着生于紫红色的花盘之顶；柱头 3 个。蒴果披针形，长 4~7mm。花果期 7—9 月。

生　　境：生于荒漠地带、河湖沿岸、风集沙堆、沙漠边缘不同类型的盐渍化土壤上，海拔 1100~2000m。

细穗柽柳 *Tamarix leptostachys* Bunge

形态特征：灌木，高达6m。老枝淡棕或灰紫色。营养枝之叶窄卵形或卵状披针形，长1~4（6）mm。总状花序细，长4~12cm，生于当年生枝顶端，集成顶生紧密圆锥花序；苞片钻形，长1~1.5mm；花5数；萼片卵形，长0.5~0.6mm；花瓣倒卵形，长约1.5mm，上部外弯，淡紫红或粉红色，早落；花盘5裂，稀再2裂成10裂片；雄蕊5，花丝细长，伸出花冠之外，花丝基部宽；花柱3。蒴果窄圆锥形，长4~5mm。花果期6—8月。

生　　境：生于荒漠地区盆地下游的潮湿河谷阶地和松陷盐土上，海拔1100~2000m。

多枝柽柳 *Tamarix ramosissima* Ledeb.

形态特征：灌木或小乔木，高达6m。老枝暗灰色，当年生木质化生长枝红棕色，有分枝。营养枝之叶卵圆形或三角状心形，长2~5mm，先端稍内倾。总状花序生于当年生枝顶，集成顶生圆锥花序，长1~5cm；苞片披针形或卵状披针形；花5数；萼片卵形；花瓣倒卵形，粉红或紫色，靠合成杯状花冠，果时宿存；花盘5裂；雄蕊5，花丝细，基部着生于花盘裂片间边缘略下方；花柱3，棍棒状。蒴果三棱圆锥状瓶形。花果期5—9月。

生　　境：生于荒漠区河漫滩、泛滥带、河岸、湖岸、盐渍化沙土，常形成大片丛林，海拔1100~2000m。

宽苞水柏枝 *Myricaria bracteata* Royle

形态特征： 灌木，高达3m。当年生枝红棕或黄绿色。叶卵形、卵状披针形或窄长圆形，长2~4（7）mm，密集。总状花序顶生于当年生枝上，密集呈穗状；苞片宽卵形或椭圆形，长7~8mm，宽4~5mm，具宽膜质啮齿状边，先端尖或尾尖；花梗长约1mm；萼片披针形或长圆形，长约4mm；花瓣倒卵形或倒卵状长圆形，长5~6mm，常内曲，粉红或淡紫色，花后宿存；雄蕊花丝连合至中部或中部以上。蒴果窄圆锥形，长0.8~1cm；种子长1~1.5mm，顶端芒柱上半部被白色长柔毛。花期6—7月，果期8—9月。

生　　境： 生于沙质河滩、湖边或冲积扇，海拔达3000m。

秀丽水柏枝 *Myricaria elegans* Royle

形态特征： 灌木，高达3~5m。叶椭圆状长圆形至披针形，长3~20mm，宽1.5~5mm，基部狭缩。总状花序较细而疏，长达10cm；苞片卵形或卵状披针形，长3~5mm，宽0.5~2.5mm，具宽至狭的膜质边缘；萼片基部合生，裂片卵状三角形，具膜质边缘，长0.7~1mm；花瓣倒卵状长圆形，粉红色；雄蕊略短于花瓣，花丝仅基部合生；柱头3裂。蒴果长约10mm；种子自芒柱基部被长柔毛。花期6—7月，果期8—10月。

生　　境： 生于河岸、河谷砾石地，海拔3000~4000m。

心叶水柏枝 *Myricaria pulcherrima* Batalin

形态特征：灌木或半灌木，高1~1.5m。老枝红褐色，当年生枝淡红色或灰绿色。叶大，疏生，心形或宽卵形，长5~10（18）mm，宽6~7mm，基部扩展呈深心形，抱茎。总状花序顶生，长2~12cm；苞片宽卵形，长5~6mm，具宽膜质透明边；花梗长2~3mm；萼片卵状长圆形或卵状披针形，具狭膜质边；花瓣倒卵形或长椭圆形，紫红色或淡粉红色；花丝1/2部分合生；柱头3裂。蒴果圆锥形；种子芒柱1/2以上被白色长柔毛。花果期6—9月。

生　　境：生于荒漠河岸林沙滩，海拔1100~2000m。

鳞序水柏枝（具鳞水柏枝）*Myricaria squamosa* Desv.

形态特征：灌木，高1~1.5m。老枝紫褐或灰褐色。叶披针形、卵状披针形或长圆形，长1.5~5（10）mm。总状花序侧生于老枝，单生或数个花序簇生枝腋；花序基部被多数覆瓦状排列的鳞片，鳞片宽卵形或椭圆形，近膜质；苞片椭圆形或卵状长圆形，长4~6mm；萼片卵状披针形或长圆形，长2~4mm；花瓣倒卵状披针形或长椭圆形，长4~5mm，紫红或粉红色；雄蕊10，花丝约2/3连合。蒴果窄圆锥形；种子顶端芒柱上半部具白色长柔毛。花果期5—8月。

生　　境：生于荒漠低山或山间河谷，海拔1500~4000m。

匍匐水柏枝 *Myricaria prostrata* Hook. f. & Thoms. ex Benth. & Hook. f.

形态特征：匍匐矮灌木，高超过 10cm；老枝淡棕色至暗红色，平滑，去年生枝纤细，淡棕色。叶矩圆状条形，长 3~5mm，宽 1mm，钝。总状花序圆球形，侧生于去年枝上，由 2~4 花组成；花几无梗；苞片椭圆形，长约 3.5mm，有狭膜质边；萼片 5，矩圆形，长约 7mm，有狭膜质边，比花瓣短 1/3；花瓣 5，淡紫色，倒卵形；雄蕊 10，花丝基部合生；子房卵形。蒴果圆锥形，长 8mm。花果期 6—8 月。

生　　境：生于河谷沙滩或砾石山坡，常呈块状分布，海拔 4000~5200m。

堇菜科 Violaceae

双花堇菜 *Viola biflora* L.

形态特征：多年生草本，高 4~25cm。地下茎短；地上茎细弱，无毛，不分枝，1~3 条。叶片肾形，长 1.5~3cm，少心形或宽卵形，边缘有钝齿，两面散生细短柔毛，基生叶具长而细弱的柄；托叶草质，矩圆形、卵形或半卵形，全缘或有疏锯齿，长 4~5mm。花两侧对称；萼片 5 片，条形，顶端钝或圆，基部附器不显著，顶端钝；花瓣 5 片，黄色，下面 1 瓣近基部有紫色条纹，距短，长 2.5~3mm。果长 4~7mm，无毛。花果期 5—9 月。

生　　境：生于高山和亚高山草甸、河谷石隙、河滩及水沟边，海拔 2000~3800m。

西藏堇菜 *Viola kunawarensis* Royle

形态特征：多年生草本，高 2~6cm。叶均基生，宽披针形，狭卵形或矩圆形，长 1~2cm，宽 6~8mm，顶端钝或近圆形，基部宽楔形至楔形，略下延，边缘全缘；叶柄长 0.7~1.4cm；托叶部分与叶柄合生，三角形。花梗与叶近等长；小苞片 2，条状三角形或近钻形，下部边缘有刺状小齿；萼片狭披针形，长约 5mm，附器短；花瓣深蓝色，狭倒卵形，长 4~6mm；花柱棒状，基部膝曲，顶端向前伸出极短的喙。花期 6—7 月，果期 7—8 月。

生　　境：生于高山和亚高山草甸，以及岩石缝隙中，海拔 2000~4000m。

瑞香科 Thymelaeaceae

短叶草瑞香 *Diarthron vesiculosum* (Fisch. & Mey.) C. A. Mey.

形态特征：一年生草本，高 20~65cm。茎直立，多分枝，无毛。叶互生，线形，长 5~13mm，顶端钝，全缘，幼时有毛，后无毛；无柄或具短柄。总状花序短，生于枝端，长约 5mm；花萼管长约 2.5mm，基部稍膨大，于中部收缩，上部裂开，裂片顶端紫色，基部黄绿色，无毛或几无毛。小坚果长梨形，长约 2mm，为残存的花萼筒下部所包藏。花期 6—7 月，果期 8 月。

生　　境：生于荒漠和前山黏土上，海拔 1100~1290m。

胡颓子科 Elaeagnaceae

尖果沙枣 *Elaeagnus oxycarpa* Schlechtend.

形态特征：落叶乔木或小乔木，高 5~20m。具细长的刺。叶纸质，窄矩圆形至线状披针形，正面灰绿色，背面银白色，两面均密被银白色鳞片；叶柄长 6~10mm。花白色略带黄色，常 1~3 朵花簇生于新枝下部叶腋；萼筒漏斗形或钟形，长约 4mm，萼齿三角形，顶端短渐尖，内面黄色；雄蕊 4；花盘长圆锥形，长 1~1.9mm，顶端有白色柔毛。果实球形或近椭圆形，长 9~10mm，具白色鳞片；果肉粉质。花期 5—6 月，果期 9—10 月。

生　　境：生于戈壁沙滩、田边或路旁，海拔 1100~1500m。

沙棘 *Hippophae rhamnoides* L.

形态特征：落叶灌木或小乔木，高可达 6m，稀至 15m。嫩枝密被银白色鳞片，一年生以上枝鳞片脱落，表皮呈白色，发亮；刺较多而较短，有时分枝，节间稍长。单叶互生，线形，长 15~45mm，宽 2~4mm，顶端钝形或近圆形，基部楔形，两面银白色，密被鳞片；叶柄短，长约 1mm。果实阔椭圆形或倒卵形至近圆形，长 5~7mm，直径 3~4mm，干时果肉较脆；果梗长 3~4mm。花期 5 月，果期 8—9 月。

生　　境：生于河谷阶地、山坡或河滩，海拔 1100~3000m。

柳叶菜科 Onagraceae

柳兰 *Chamerion angustifolium* (L.) Scop.

形态特征：多年生草本，高 40~100cm。叶互生，披针形，长 10~15cm，宽 1~3cm，全缘，叶脉明显，无毛或微被毛。总状花序顶生；苞片条形，长 1~2cm；花大，两性，花柄长 1~1.5cm，密被短柔毛；萼筒裂片 4，紫色，条状披针形，外面被短柔毛；花瓣 4，紫红色，长约 1.5cm，基部具短爪；雄蕊 8，4 长 4 短；花柱基部有毛。蒴果圆柱形，密被短柔毛。种子多数，种子顶端具种缨。花期 6—8 月，果期 8—9 月。

生　　境：生于亚高山草甸、山地草原、山谷低湿地、沼泽或河边，海拔 1100~3000m。

小花柳叶菜 *Epilobium parviflorum* Schreb.

形态特征：多年生草本，高 40~60cm。茎直立，被弯曲的长毛。叶对生，长椭圆状披针形，长 5~7cm，宽 1~1.5cm，边缘具细而疏的齿，两面密被曲柔毛，基部无柄。花两性，单生于叶腋，淡红色，长 5~7mm；花萼裂片 4，长 3~4mm，外面散生短毛；花瓣 4，宽 4~5mm；雄蕊 8，4 长 4 短。蒴果圆柱形，长 4~6mm，疏被短腺毛。种子顶端具 1 簇白色种缨。花期 7—8 月，果期 8—9 月。

生　　境：生于河边、渠边、沼泽地或低湿地，海拔 1100~2500m。

沼生柳叶菜 *Epilobium palustre* L.

形态特征：多年生草本，高 15~50cm。茎上部被曲柔毛。叶下部的对生，上部的互生，条状披针形至近条形，长 2~4cm，宽 4~10mm，通常全缘，无毛。花两性，单生于上部叶腋，粉红色，长 4~7mm；花萼裂片 4，长 2.5~3.5mm，外疏被短柔毛；花瓣 4，倒卵形，顶端凹缺；雄蕊 8，4 长 4 短。蒴果圆柱形，长 4~6cm，被曲柔毛，具长 1~2cm 的果柄。种子顶端有 1 簇白色种缨。花期 7—8 月，果期 8—9 月。

生　　境：生于前山带至山地河岸、低湿地，海拔 1100~2500m。

杉叶藻科 Hippuridaceae

杉叶藻 *Hippuris vulgaris* L.

形态特征：多年生水生草本，全株光滑无毛。根茎匍匐，生于泥中。茎圆柱形，直立，不分枝，高 20~60cm，有节。叶轮生，6~12 片一轮，条形，长 6~13mm，宽约 1mm，全缘；茎下部叶较短小。花小，两性，稀单性，无梗，单生叶腋；花萼与子房大部合生；无花瓣；雄蕊 1，生于子房上，略偏一侧，花药椭圆形；花柱丝状，稍长于花丝。核果矩圆形，光滑无毛。花果期 6—7 月。

生　　境：生于水池、沼泽、苇湖及河湾浅水中，海拔 1100~5000m。

伞形科 Umbelliferae

膜苞棱子芹 *Pleurospermum lindleyanum* B. Fedtsch.

形态特征：多年生草本，高 5~10cm。根粗壮，直伸，直径 3~5mm，颈部被褐色膜质残鞘。茎在花期常不明显，至果期伸长，通常单一，不分枝，有条棱，带紫红色。茎下部叶 1~3，二回羽状全裂，叶片轮廓卵状长椭圆形，长 1~8cm，宽 0.8~3cm，一回羽片 3~5 对，最下一对明显有柄，向上逐渐变短，末回裂片长圆形至线形，长 2~10mm，宽 1~2.5mm；叶柄与叶片近等长，基部扩大呈鞘。顶生复伞形花序，直径 3~5cm；伞辐 4~7，不等长，长 1~4cm；总苞片 2~4，长圆状卵形，较伞辐为短，基部明显呈紫红色膜质鞘状，顶端叶状分裂，小总苞片 8~12，卵形或披针状卵形，与花等长或略超出花，中肋带红紫色，有宽的白色膜质边缘，花多数；花柄长 4~5mm，有翅状棱；萼齿不明显；花瓣淡紫红色，宽倒卵形，长约 1.2mm，花药暗紫色。果实长圆形，红紫色，长 4~5mm，果棱有明显的膜质翅，每棱槽有油管 2，合生面 4。花期 7—8 月，果期 8—9 月。

生　　境：生于高山砾石质山坡，海拔 3500~4000m。

天山棱子芹 *Pleurospermum tianschanicum* (Korov.) K. M. Shen

形态特征：多年生草本，高 20~50cm，全株无毛。根圆锥状；根颈不分叉，残存有暗褐色枯叶鞘。茎单一，细，直立，有细棱槽。基生叶和茎下部叶长 14~22cm，宽 3~6cm，有明显长于叶片的叶柄，柄的基部扩展成披针形的叶鞘，叶片卵形或长圆状卵形，一回羽状全裂，羽片卵形，3~4 对，无柄，再羽状深裂，裂片披针形，长约 10mm，全缘或浅裂；叶向上较小，至上部一回羽状深裂，无柄有短叶鞘。复伞形花序生于茎枝顶端，直径 5~8cm，伞幅 5~10，极不等长，长 1~3cm，总苞片 5，线形或线状披针形，边缘膜质，不等长；小伞形花序有花 10~18，花梗不等长，中间的短，且花也常不育，小总苞片与总苞片同形，不等长，多数短于花梗；花白色或淡黄色，萼齿小，三角形，花瓣宽椭圆形或近圆形，顶端具小舌片，向内弯曲，基部有短爪；花柱基扁平，蓝绿色，花柱短，果期与花柱基半径等长。果实广卵形，长 4~5mm，宽 3~4mm；果棱具宽翅，翅缘有不规则的钝齿，并同棱间槽内一样，被有稀疏的泡状小突起，下半部较密；每个棱槽内油管 1~3，合生面油管 2~4。花期 6—7 月，果期 7—8 月。

生　　境：生于亚高山草甸山坡、陡崖石隙中，海拔 2200~2400m。

葛缕子 *Carum carvi* L.

形态特征：多年生草本，高 30~70cm。根圆柱形或纺锤形，长达 25cm，直径 0.5~1cm。茎基部无叶鞘残留纤维。叶二至三回羽裂，小裂片线形或线状披针形，长 3~5mm，宽 1~2mm。复伞形花序直径 3~6cm，无总苞片，稀 1~4 片，线形；伞辐 3~10，长 1~4cm，极不等长；无小总苞片，偶 1~4 片，线形；伞形花序有 4~15 花。萼无齿；花瓣白或带淡红色。果长卵形，长 4~5mm，宽 2mm；每棱槽油管 1，合生面油管 2。花期 6—7 月，果期 7—8 月。

生　　境：生于山地草坡、山谷水边、山地草甸、河滩草甸或路旁，海拔 1200~3520m。

白花苞裂芹 *Schulzia albiflora* (Kar. & Kir.) M. Pop

形态特征：多年生草本，高约 20cm。根颈有暗褐色残存叶鞘。根圆锥形。茎通常不发育，由基部发出多数斜升的枝或同时有短缩的茎。基生叶有柄，柄的基部扩展成鞘，边缘膜质；叶片轮廓长圆形，三回羽状全裂，末回裂片披针状线形或线形，长 2~4mm，宽 0.5~1mm，无毛。复伞形花序多数；伞辐 10~20，不等长；总苞片多数，二回羽状分裂，末回裂片线形或毛发状；小伞形花序有多数花；小总苞片与总苞片相似，但较小，约与花柄等长；无萼齿；花瓣白色，广椭圆形，顶端微凹，有内折的小舌片，长约 1mm；花柱基圆锥状，花柱在果期外弯，长约 1mm，柱头头状。分生果长圆状卵形，长约 3mm；每棱槽内油管 3，合生面油管 8。花期 7—8 月，果期 8—9 月。

生　　境：生于高山带和亚高山带的碎石堆中或高山和亚高山草甸的山坡上，海拔 2100~4600m。

塔什克羊角芹 *Aegopodium tadshikorum* Schischk

形态特征： 多年生草本，高 40~100cm。茎直立，有沟纹，近无毛，上部稍有分枝。基生叶柄长 10~20cm，下部有阔膜质的叶鞘；叶片轮廓阔三角形，长 10~15cm，近三出式二回羽状分裂，第一回羽片的柄长 3~6cm，第二回羽片的柄极短，裂片近卵形，长 3~11cm，宽 2~6cm，不分裂或 2~3 裂，边缘有锐锯齿或重锯齿，两面稍粗糙；茎生叶向上依次渐小，最上部的茎生叶 3 裂，裂片卵形或卵状披针形，边缘锯齿尖锐。顶生伞形花序有伞辐 13~20，不等长，上部粗糙；无总苞片和小总苞片；萼齿不明显；花瓣白色，长约 2mm；花柱基圆锥形，花柱长于花柱基，向外反折。果实近卵形，长 4~6mm，宽 3mm。花期 6—7 月，果期 7—8 月。

生　　境： 生于山坡草丛或山地灌丛湿润处，海拔 1100~2000m。

新疆绒果芹 *Eriocycla pelliotii* (H. Boissieu) H. Wolff

形态特征： 多年生草本，高 20~40cm。根圆锥形，褐色。茎单一或分枝，有细条纹，被稀疏短毛。基生叶丛生，基部的卵形叶鞘互相环抱；叶片一至二回羽状分裂，有羽片 4~5 对，末回裂片卵形，厚膜质，近无光泽，顶端尖，无柄（下部的叶有时有短柄），边缘有浅细锯齿，两面都有短毛；茎上部几乎无叶；顶部的叶简化成仅顶端 3 裂的苞片状。复伞形花序的花序梗长 7~12cm；总苞片 2~5，长钻形，顶端尖，草质，边缘膜质；伞辐 3~5（10），不等长，有细条纹，直立，被粗糙毛；小伞形花序有花 10~20，小总苞片 4~7；萼齿短，线状披针形，有长柔毛；花瓣卵形，黄白色，顶端稍反折，背面密生长柔毛；花柱基短圆锥状，花盘边缘波状，花柱长而叉开。分生果长卵形，长 2.5~4（5）mm，宽 1.5~2mm，密生长柔毛；横剖面近五角形，每棱槽中有油管 1，合生面油管 2。花期 6—7 月，果期 7—8 月。

生　　境： 生于石质和砾石质山坡、洪积扇上，以及河谷石隙中，海拔 1800~3200m。

短尖藁本 *Ligusticum mucronatum* (Schrenk) Leute

形态特征：多年生草本，高 15~80cm。根多分叉；根颈密被纤维状枯叶鞘。茎单生或多条簇生。基生叶具长柄，柄长 4~15cm，基部扩大成鞘；叶片圆形，长 5~15cm，宽 1~4cm，一回羽状全裂，羽片 4~7 对，卵形，羽片浅裂至深裂，裂片具短尖头；茎生叶少数，向上渐简化，叶鞘披针形。复伞形花序顶生或侧生，直径 2~5cm；伞辐 15~25，果时向里靠拢；小总苞片 5~10，线状披针形；萼齿不明显；花瓣白色，不等大，椭圆形或 1 瓣明显增大呈倒心形，沿中脉内凹，顶端微凹，具内折的小舌片；花柱基圆锥形，花柱长，果期向下反曲。果实长卵形，长 3~4mm；果棱显著突起具窄翅，侧棱较厚并较宽；每个棱槽内油管 3~5，窄小，合生面油管 4~6。花期 7—8 月，果期 8—9 月。

生　　境：生于山地草甸类草地、林下、谷地湿地、水沟边，以及岩石缝隙中，海拔 1500~3200m。

三小叶当归 *Angelica ternata* Regel & Schmalh.

形态特征：多年生草本，高 20~50cm。全株光滑无毛。根单一，圆柱形，粗大，长达 50cm，径约 2.5cm，土棕色，具细密横纹，有香气。茎通常单一，有细沟纹。基生叶及茎生叶为三出式二至三回羽状复叶，叶柄基部具长卵状叶鞘；叶片轮廓为阔三角形，长 15~30cm，宽 15~20cm，小叶 3~5，宽卵形，长 3~6cm，宽 1.5~4cm，顶端钝圆或渐尖，基部心形至楔形，边缘有不规则的浅齿，齿端有短尖。复伞形花序，主伞直径 6~12cm，伞辐 12~23；侧伞直径 2.5~4cm，伞辐 7~13；无总苞片；小伞形花序有花 15~25；小总苞片 6~8，披针形，反卷，与花柄近等长；无萼齿；花瓣白色或黄绿色，卵形，顶端内折；花柱基圆盘状，边缘波状，花柱叉开。果实长卵形。长 0.7~1.1cm，中部宽 4~6mm；侧棱翅状，边缘微波状，与果体等宽或略宽；背棱线形，隆起；分生果棱槽内有油管 1，合生面油管 2。花期 6—7 月，果期 7—8 月。

生　　境：生于高山河谷的碎石质或砾石质山坡、河谷阶地阴湿处，海拔 2850~3300m。

荒地阿魏 *Ferula syreitschikowii* K.-Pol.

形态特征：多年生草本，高 15~30cm。根圆柱形，根颈上残存有枯萎叶鞘纤维。茎细，单一，稀 2，稍呈“之”字形弯曲，被密集的短毛，从中部向上分枝成伞房状，枝互生。基生叶近无柄或无柄；叶片直接生于鞘上，叶片轮廓为菱形，二至三回羽状全裂，末回裂片椭圆形，长达 2cm，再深裂为有角状齿的小裂片，灰绿色，两面被密集的短柔毛，早枯萎；茎生叶向上显著简化，至上部仅有叶鞘，叶鞘披针形，草质，被密集的短柔毛。复伞形花序生于茎枝顶端，直径 4~6cm，无总苞片；伞辐 6~12，近等长，全部为中央花序，有时多次分枝，小枝顶端的花序形如侧生花序；小伞形花序有花 10~25，小总苞片披针形，草质，被密集的白色长柔毛，不脱落；萼齿三角状披针形；花瓣淡黄色，倒卵形，顶端渐尖，向内弯曲，外面有疏柔毛，在花后期往下反折；花柱基扁圆锥形，边缘增宽，波状，花柱延长，柱头增粗为头状。分生果椭圆形，背腹扁压，长 5~8mm，宽约 3mm，背棱丝状，侧棱狭窄，灰白色；每棱槽中有油管 1，宽大，合生面油管 2，窄小。花期 5 月，果期 6 月。

生　　境：生于农田荒地、田边、沙地、水渠边和砾石质干旱的低山坡上，海拔 1100~1300m。

报春花科 Primulaceae

海乳草 *Glaux maritima* L.

形态特征：多年生草本，茎高 3~25cm，直立或下部匍匐，节间短，通常有分枝。叶近于无柄，交互对生或有时互生，上部叶肉质，线形、线状长圆形或近匙形，全缘。花单生于茎中上部叶腋；花梗有时极短，不明显；花萼钟形，白色或粉红色，花冠状，长约 4mm，分裂达中部，裂片倒卵状长圆形；雄蕊 5，稍短于花萼。蒴果卵状球形，先端稍尖，略呈喙状。花期 6 月，果期 7—8 月。

生　　境：生于平原荒漠、潮湿草地、河边、湖岸、河漫滩、盐碱地和沼泽草甸，海拔 1200~3200m。

假报春 *Cortusa brotheri* Pax. ex Lipsky

形态特征：多年生草本，高 17~25（38）cm。叶柄长于叶片 1.5~3 倍，被疏柔毛，叶片圆肾形，基部深心形，裂片具浅圆齿。花莛高超过叶 1 倍，被微毛；伞形花序通常偏向一侧，总苞片掌状；花冠红紫色，漏斗状，花冠裂片长圆形，先端钝。蒴果长圆状卵形，不多长于花萼。花期 6—7 月，果期 7—8 月。

生　　境：生于高山和亚高山草甸、山谷阳坡草地或山坡石缝，海拔 1200~3800m。

大苞点地梅 *Androsace maxima* L.

形态特征：一年生草本。叶丛莲座状；叶片狭倒卵形、椭圆形或倒披针形，稍肉质。花莛 2~4 个，直立；伞形花序多花，被柔毛和小腺毛；苞片大，椭圆形或长圆状倒卵形；花萼杯状，果期增大，分裂可达全长的 2/3 或 2/5，疏被柔毛和小腺毛，萼齿三角状披针形，稍肉质，果期黄褐色；花冠白色或淡粉红色。蒴果近球形，稍短于花萼或与花萼近等长。花期 5—6 月，果期 7—8 月。

生　　境：生于高山亚高山草原、洪积平原、山前沟口、山坡荒地或河漫滩，海拔 1100~4500m。

帕米尔点地梅（阿克点地梅）*Androsace akbaitalensis* Derg.

形态特征：多年生草本。植株由根出茎上的莲座状叶丛中抽出，形成间断的莲座状疏丛。叶丛中的老叶宿存，绿色；外层叶倒卵形，先端钝，短于内层叶，内层叶长圆状披针形，先端尖，基部渐狭，叶片边缘被长睫毛，背面疏被柔毛。花莛高 2~6cm，被稀疏的柔毛或近无毛；伞形花序 6~10 朵花；苞片长圆状披针形，边缘和上面被柔毛；花梗与苞片近等长或短于苞片；花萼钟状，萼齿卵状三角形；花冠白色或粉红色至深紫红色。花果期 6—8 月。

生　　境：生于高山草原、山谷、河滩或碎石质山坡，海拔 2200~4230m。

垫状点地梅 *Androsace tapete* Maxim.

形态特征：多年生草本，植株为半球形垫状体，由多数根出短枝紧密排列而成。叶二型，无柄；外层叶舌形或长椭圆形，先端钝，近无毛：内层叶线形或窄倒披针形，长 2~3mm，背面上半部密集白色画笔状毛。花莛近无或极短；花单生，无梗或梗极短，仅花冠裂片露出叶丛；苞片线形，膜质。花萼筒状，长 2.5~3mm，分裂达全长 1/3，裂片三角形，边缘具绢毛；花冠粉红色，直径 3mm，裂片倒卵形，边缘微呈波状。花果期 6—7 月。

生　　境：生于高山带石缝、山谷河边或山坡，海拔 2800~4300m。

短葶点地梅 *Androsace fedtschenkoi* Ovcz.

形态特征：一年生草本。主根细长。叶丛莲座状，直径2~8cm，叶长圆状披针形或线状披针形，疏被短柔毛和分叉的短柔毛。花莛3~8个或多数，高0.5~2.5cm，与花梗等长或短于花梗，有时几无花莛；苞片线形或线状披针形，长3mm，疏被分叉或不分叉的短柔毛；花梗长短不等，长20~40mm，散开；花萼狭钟状，萼齿具棱，线状披针形，果期增宽；花冠白色或淡黄色，长于花萼1倍。蒴果长圆形或近球形。花期5—6月，果期6—7月。

生　　境：生于高山亚高山草甸、山坡草地、河漫滩或河谷，海拔1600~4500m。

寒地报春 *Primula algida* Adam.

形态特征：多年生草本。叶丛高1.5~5（7）cm；叶柄不明显；叶倒卵状长圆形或倒披针形，基部渐窄，具小牙齿，叶背面被黄色或白色粉。花莛高3~20cm，果期长达35cm，伞形花序近头状，3~12花；苞片线形或线状披针形，长0.3~1.1cm，花后反折，花梗长1.5~3mm，果期长达1.5cm花萼钟状，长0.6~0.8（1）cm，具5棱，分裂达全长1/3~1/2；裂片长圆形或披针形，带紫色；花冠蓝紫色，稀白色，冠筒长0.6~1cm，冠檐直径0.8~1.5cm，裂片倒卵形，先端2深裂。蒴果长圆形。花期5—6月，果期7月。

生　　境：生于高山草原、河湖边或沼泽地，海拔1350~4700m。

少花报春（天山报春）*Primula nutans* Georgi.

形态特征：多年生草本，全株无粉。叶丛生；叶柄通常与叶片近等长；叶卵形、长圆形或近圆形，全缘或微具浅齿。花莛高 10（2）~25cm；伞形花序 2~6（10）花；苞片长圆形，长 5~8mm，基部具长 1~1.5mm 垂耳状附属物。花梗长 0.5~2.2（4.5）cm；花萼钟状，长 5~8mm，具 5 棱，分裂达全长 1/3，裂片长圆形或三角形，边缘密被小腺毛；花冠粉红色，冠筒长 0.6~1cm，冠檐直径 1~2cm，裂片倒卵形，先端 2 深裂。蒴果筒状。花期 6—7 月，果期 7—8 月。
生　　境：生于高山亚高山草原、沼泽、草甸或山地河湖沿岸，海拔 1800~4200m。

帕米尔报春 *Primula pamirica* Fed.

形态特征：多年生草本。根状茎短，具多数须根。全株无粉。叶莲座状，叶片倒卵形至匙形，先端圆或钝，边缘全缘，基部渐狭成具狭翅的柄。花莛高 15~20（30）cm，在花后期增粗，伸长；伞形花序多花，6~14 朵；苞片长圆形，长 7~10（12）mm，先端尖，基部下延呈耳垂状，被腺毛；花梗不等长，长 1~2（5）cm，被黑色小腺毛；花萼筒状，分裂至全长的 1/3 处，萼齿长圆形或披针形；花冠淡红色，稀白色，冠筒长于花萼 1 倍，冠檐直径 1.5~2cm，花冠裂片倒心形，先端深裂。蒴果椭圆形。花期 5—6 月，果期 7 月。
生　　境：生于沼泽化草甸、河漫滩或淡水湖边，海拔 2500~4200m。

大叶报春 *Primula macrophylla* D. Don.

形态特征：多年生草本，植株被白粉。叶柄具宽翅，外露部分甚短或与叶片近等长；叶披针形或倒披针形，长 5~12cm，全缘或具细齿，背面被白粉或无粉。花莛高 10~25cm，近顶端被粉；伞形花序具 5 至多花。花梗长 1~3cm，稀被粉；花萼筒状，长 0.8~1.5cm，分裂略过中部或达全长 3/4，裂片披针形，常带紫色，内面被白粉；花冠紫色或蓝紫色，冠檐直径约 2cm，裂片近圆形或倒卵圆形，全缘或微凹缺。蒴果筒状。花期 6—7 月，果期 7—8 月。

生　　境：生于帕米尔高原的高山沼泽草甸或渠边，海拔 4000~4500m。

白花丹科 Plumbaginaceae

刺叶彩花 *Acantholimon alatavicum* Bunge

形态特征：垫状小灌木。当年枝长 0.5~1.5（2.5）cm。叶常灰绿色，线状针形或线状钻形，刚硬；夏叶长 1.5~4cm，横切面扁三棱形，先端具短芒尖；春叶稍短。花序不分枝，花序梗长 3~6（9）cm，稍被毛；穗状花序长约 2cm，具（1~2）5~8 小穗；小穗具 1 花；外苞及第一内苞无毛。萼长 1~1.2cm，脉间疏被茸毛或无毛，萼檐白色，无毛或下部沿脉被茸毛，先端具 5 或 10 个不明显裂片，脉紫褐色，伸达萼檐裂片顶缘；花冠淡紫红色。花果期 8–10 月

生　　境：生于山前洪积扇、砾石荒漠、高山草原或海拔 1100~3000m。

彩花 *Acantholimon hedinii* Ostenf.

形态特征：紧密垫状小灌木。叶淡灰绿色，两面无毛，披针形至线形，常有短锐尖。花序无轴，2~3 个小穗直接簇生在新枝基部叶腋；小穗含花 1~2 朵，外苞和第一内苞被密毛或近无毛；外苞宽卵形；第一内苞与外苞相似，长约为外苞的 1 倍；花萼漏斗状，长 7~8.5mm，萼筒脉上和脉棱间常被密短毛，脉紫褐色，有时下部脉上被毛，先端有 10 个不明显的浅圆形裂片或近截形，脉伸达萼檐顶缘或略伸出顶缘；花冠粉红色。花期 6—8 月，果期 7—9 月。
生　境：生于帕米尔高山草原带多石的山坡上，海拔 3000~4000m。

小叶彩花 *Acantholimon diapensioides* Boiss.

形态特征：紧密垫状小灌木。叶通常淡灰绿色，披针形至线形，无短尖。花序无花序轴，仅为（1）2~3 个小穗直接簇生新枝基部的叶腋；小穗含 1（偶尔为 2）花，外苞和第一内苞无毛，外苞长约 3mm，第一内苞长 4.5~5mm，先端急尖；萼长 5~6.5mm，漏斗状，萼筒脉棱间有稀少的毛或几无毛，萼檐白色，无毛，先端有 10 个不明显的浅圆裂片或近截形，脉紫褐色，在接近萼檐顶缘处消失；花冠淡红色。花期 6—8 月，果期 7—9 月。
生　境：生于帕米尔高原的高山石质荒漠，海拔 2600~4300m。

天山彩花 *Acantholimon tianschanicum* Czerniak.

形态特征：紧密垫状小灌木。叶通常淡灰绿色，披针形至线形，先端通常渐尖，有明显短锐尖，两面无毛。花序无花序轴，通常仅为单个小穗直接着生新枝基部的叶腋；小穗含1~3花，外苞和第一内苞无毛；外苞宽卵形，先端急尖；第一内苞长5~6mm，先端急尖；萼长7~8mm，漏斗状，萼筒脉上被疏短毛或几无毛，萼檐暗紫红色，无毛，先端有10个不明显的浅圆裂片或近截形，脉伸达萼檐边缘；花冠淡紫红色或淡红色。花期6—9月，果期7—10月。

生　　境：生于帕米尔高原的高山石质荒漠、干旱砾石山坡上，海拔1700~3500m。

驼舌草 *Goniolimon speciosum* (L.) Boiss.

形态特征：多年生草本，高10~45cm。叶质硬，叶柄宽，具绿色边带，叶倒卵形、长圆状倒卵形至阔披针形，连叶柄长2.5~6cm，先端短渐尖或尖，基部渐窄。花序伞房状或圆锥状；花序轴下部圆，上部二至三（稀四）回分枝；穗状花序具密集2列2~9（11）枚小穗，小穗具2~4花；外苞长7~8mm，覆瓦状；萼长（6）7~8mm，萼檐裂片无牙齿，脉暗紫色，有时黄褐色，不达萼檐中部；花冠紫红色。花期6—7月，果期7—8月。

生　　境：生于山地草原、干旱山坡，海拔1800~2800m。

喀什补血草 *Limonium kaschgaricum* (Rupr.) Ikonn.-Gal.

形态特征：多年生草本，高 10~25cm，全株无毛。叶基生，长圆状匙形，或为线状披针形，小，长 1~2.5cm，宽（1）2~6mm，基部渐狭成扁柄。花序伞房状，花序轴常多数；穗状花序位于部分小枝的顶端，由 3~5（7）个小穗组成；小穗含 2~3 花；外苞长（1）2~3mm，宽卵形；第一内苞长 5.5~6.5mm；萼长 6~8.5（10.5）mm，漏斗状，萼筒直径 1~1.3mm，全部沿脉密被长毛，萼檐淡紫红色，干后逐渐变白，沿脉被毛；花冠淡紫红色。花期 6—7 月，果期 7—8 月。
生　　境：生于帕米尔高原的山地草原至高山草原、草原或碎石山坡，海拔 1300~3000m。

黄花补血草 *Limonium aureum* (L.) Hill.

形态特征：多年生草本，高 10~30cm，全株无毛。基生叶矩圆状匙形至倒披针形，长 1~4cm，宽 0.5~1cm，顶端圆钝而具短尖头，基部楔形下延为扁平的叶柄。花 3~5（7）朵组成聚伞花序，排列于花序分枝顶端形成伞房状圆锥花序；花序轴着生小疣点，下部无叶，具多数不育小枝；苞片短于花萼，边缘膜质；花萼宽漏斗状，长 5~8mm；萼筒倒圆锥状，长 3~4mm，裂片 5，金黄色，长 2~4mm；花冠黄色；雄蕊 5；花柱 5。花期 7—9 月，果期 8—9 月。
生　　境：生于昆仑山的中低山带干山坡，海拔 1100~3800m。

龙胆科 Gentianaceae

美丽百金花 *Centaurium pulchellum* (Sw.) Druce.

形态特征：一年生绿色草本植物，高 4~30cm。茎细四棱形，从基部分枝。叶对生，长 1~2.5cm，宽 2~8mm，无柄，基生叶长披针形或披针形，中部叶椭圆形，上部叶长卵形或披针形。花多数，顶生或生于分叉处；小苞片细小线形；花萼管状；花冠长 1.2~1.7cm，花瓣粉红色，有时白色，裂片长椭圆形，雄蕊 5，花丝短，线形；花柱细，长 2mm，柱头 2 裂。蒴果长圆状线形或圆柱形。种子多数，表面呈蜂窝网隙状。花期 6—7 月，果期 8—9 月。

生　　境：生于帕米尔高原的山地草甸、河谷、滩地或水边，海拔 2800~3600m。

新疆龙胆 *Gentiana prostrata* var. karelinii (Griseb.) Kusn.

形态特征：一年生或二年生草本，高 3~6（10）cm。茎黄绿色，光滑，在下部多分枝，枝铺散，斜升。叶外反，匙形或卵圆状匙形，先端圆形或钝圆，两面光滑，叶柄边缘具短睫毛；基生叶小，在花期枯萎，宿存；茎生叶疏离。花数朵，单生于小枝顶端；花梗黄绿色，光滑；花萼筒状；花冠上部蓝色或蓝紫色，下部黄绿色。雄蕊着生于冠筒上部。蒴果狭矩圆形。种子褐色，有光泽，椭圆形，表面具细网纹，无翅。花果期 7—9 月。

生　　境：生于山坡、路旁、山谷冲积平原及高山草甸，海拔 2100~4200m。

蓝白龙胆 *Gentiana leucomelaena* Maxim.

形态特征：一年生草本，高 2~7cm。茎细弱，直立或斜升，自基部分枝，光滑。叶对生，茎基部者排列作辐状，卵状椭圆形，茎上部者披针形或卵状披针形，基部连合成鞘状。花单生茎顶端，具花梗；花萼漏斗状，顶端 5 裂，裂片三角状披针形，短于萼筒；花冠蓝色，近筒的中部有黑紫色小斑点，漏斗状，长 1.2~1.5cm，5 裂，裂片卵形，褶白色，卵形，顶端 2 裂，尖；雄蕊 5；子房具柄，花柱短，柱头 2 裂。蒴果矩圆形，短。种子多数。花果期 5—10 月。

生　　境：生于亚高山草甸至高寒草甸类草地等，海拔 1900~4300m。

扁蕾 *Gentianopsis barbata* (Froel.) Ma

形态特征：一年生或二年生草本，高 20~40cm。茎直立，具 4 纵棱，节部稍膨大，无毛。叶对生，条形，先端渐尖，全缘；基生叶较小，早枯萎。花单生，具长梗；花萼管状钟形，具 4 棱；花冠蓝色或蓝紫色，管状钟形，4 裂，无褶；雄蕊 4，着生于花冠管中部。蒴果狭矩圆形。种子椭圆形，密被小瘤状突起。花果期 7—9 月。

生　　境：生于山地草原至高寒草甸类草地等，海拔 2900~4400m。

新疆扁蕾 *Gentianopsis stricta* (Klotzsch) Ikonn.

形态特征：一年生或二年生草本，高（15）20~40cm。茎直立，光滑无毛，单枝（稀）或从茎基部多分枝。基生叶莲座状，花果期保留，长匙形，先端钝尖，茎叶少，多1~2（3）对，长披针形或条形，茎部鞘形。花萼管状钟形，短于花冠的1/2，裂片不等；内对裂片披针形，与筒等长，外对裂片条状披针形，比内对裂片长，边缘膜质；花冠狭窄漏斗状管形，深绿色；花冠喉部直径0.7~1cm，花冠筒长于花冠裂片的3倍。蒴果卵圆形。种子卵形。花果期7—9月。

生　　境：生于山地草原、河谷或灌丛，海拔2800~3600m。

镰萼喉毛花 *Comastoma falcatum* (Turcz. ex Kar. & Kir.) Toyokuni

形态特征：一年生草本，高5（3）~12cm。茎基部分枝。叶大部基生，长圆状匙形或长圆形，连柄长0.5~1.5cm，先端钝或圆；茎生叶长圆形，先端钝。花5数，单生枝顶。花萼绿色或带蓝紫色，长为花冠1/2，稀达2/3，裂片常卵状披针形，镰状；花冠蓝色、深蓝色或蓝紫色，具深色脉纹，高脚杯状，长（0.9）1.2~2.5cm，冠筒筒状，喉部骤膨大，直径达9mm，裂至中部，裂片长圆形或长圆状匙形，先端钝圆，偶具小尖头，喉部具一圈白色副冠，副冠10束。蒴果窄椭圆形。种子近球形，褐色。花果期7—9月。

生　　境：生于亚高山草甸至高寒草甸类草地等，海拔2100~4600m。

柔弱喉毛花 *Comastoma tenellum* (Rottb.) Toyok.

形态特征：一年生草本，高 5~12cm。基生叶少，匙状矩圆形，长 5~8mm，宽 2~3mm，先端圆形，基部楔形；茎生叶无柄，矩圆形或卵状矩圆形，长 4~11mm，宽 2~4mm，先端急尖，基部略狭缩，叶质薄，干时有明显网脉。花常 4 数，单生枝顶；花梗长达 8cm；花萼深裂，裂片 4~5，不整齐；花冠淡蓝色，筒形，长 6~10mm，宽约 3mm，浅裂，裂片 4，矩圆形，长 2~3mm，先端稍钝，呈覆瓦状排列，喉部具一圈白色副冠，冠筒基部具 8 个小腺体；雄蕊 4，着生于花冠筒中下部，花药黄色，卵形，长 0.5~0.7mm，花丝钻形，长 2mm，基部宽约 1mm，向上略狭；子房狭卵形，长约 7mm，先端渐狭，无明显的花柱。蒴果略长于花冠，先端 2 裂。种子多数，卵球形，扁平，表面光滑，边缘有乳突。花果期 6—7 月。

生　　境：生于亚高山草甸至高寒草甸类草地等，海拔 2100~4200m。

新疆假龙胆 *Gentianella turkestanorum* (Gand.) Holub.

形态特征：一年生或二年生草本，高 10~35cm。茎单生，基部分枝。叶卵形或卵状披针形，边缘常外卷。聚伞花序顶生及腋生，具多花。花 5 数，顶花较基部小枝花大 2~3 倍，直径 3~5.5mm；花萼钟状，长约花冠之半，裂至中部，萼筒长 1.5~7mm，裂片绿色，线状椭圆形或线形，先端具长尖头；花冠淡蓝色，筒状或窄钟状筒形，长 0.7~2cm，裂片椭圆形，长 3~7mm，先端钝，具长约 1mm 芒尖。蒴果长 1.8~2.2cm。种子球形，具细网纹。花果期 6—7 月。

生　　境：生于山地草原、阴坡草地、湖边台地、河谷或灌丛，海拔 1500~3100m。

宽叶肋柱花 *Lomatogonium Carinthiacum* (Wulfen.) A. Br.

形态特征：一年生草本，高 5~25cm。茎基部多分枝，茎枝细平滑。基生叶小，倒卵形或长卵形；茎生叶卵圆形、椭圆形或长圆形，先端钝或渐尖。花 5 基数；花萼深裂，裂片卵状披针形，长 3~8mm，先端渐尖，短于花冠裂片；花冠蓝色，背面黄绿色或灰绿色，卵形或椭圆形；腺窝淡色，具半裂状的流苏状毛，橙黄色；子房顶端钝。蒴果椭圆形，长 14~15mm，2 裂。种子小，多数，光滑，直径约 0.5mm。花果期 7—10 月。

生　　境：生于亚高山至高山草甸，海拔 2800~4200m。

夹竹桃科 Apocynaceae

罗布麻 *Apocynum venetum* L.

形态特征：直立半灌木或草本，高 1~3m，具乳汁。枝条圆筒形，光滑；单叶常对生，分枝处叶常为互生，窄椭圆形或窄卵形，长 1~8cm，基部圆或宽楔形，具细齿，叶柄长 3~6mm。花萼裂片窄椭圆形或窄卵形，长约 1.5mm；花冠紫红或粉红色，花冠筒钟状，长 6~8mm，被颗粒状突起，花冠裂片长 3~4mm 花盘肉质，5 裂，基部与子房合生。蓇葖果长 8~20cm，直径 2~3cm。种子卵球形或椭圆形，长 2~3mm。花期 5—7 月，果期 8—9 月。

生　　境：生于盐碱荒地、沙漠边缘、河岸或盐生草甸，海拔 1100~1300m。

大叶白麻 *Poacynum hendersonii* (Hook. f.) Woodson.

形态特征：直立半灌木，高 0.5~2.5m，具乳汁。枝条倾向茎的中轴，无毛。叶互生，坚纸质，椭圆形至卵状椭圆形，长（1.5）3~4.3cm，宽（0.4）1~1.5（2.3）cm，具颗粒状突起，叶缘有细齿。花萼 5 裂；花冠下垂，檐部直径 1.5~2cm，外面粉红色，内面稍带紫色，宽钟状，两面均有颗粒状突起；副花冠生于花冠筒基部；雄蕊 5 枚，花药箭头状；花盘肉质，环状。蓇葖果双生，倒垂，长 10~30cm，直径 3~4mm。种子顶端具白绢质种毛。花期 5—7 月，果期 7—9 月。

生　　境：生于盐碱荒地、沙漠边缘、河流、湖泊、两岸冲积平原以及水田周围等，海拔 1100~1300m。

萝藦科 Asclepiadaceae

戟叶鹅绒藤 *Cynanchum sibiricum* Willd.

形态特征：多年生缠绕藤本。叶对生，戟形或戟状心形，向端部长渐尖，基部具 2 个长圆状平行或略为叉开的叶耳，两面均被柔毛，脉上与叶缘被毛略密。伞房状聚伞花序腋生；花萼外面被柔毛，内部腺体极小；花冠外面白色，内面紫色，裂片长圆形；副花冠双轮，外轮筒状，其顶端具有 5 条不同长短的丝状舌片，内轮 5 条裂较短；花粉块长圆状；子房平滑，柱头隆起，顶端微 2 裂。蓇葖果单生，狭披针形。种子长圆形。花期 5—8 月，果期 8—10 月。

生　　境：生于塔里木盆地绿洲及其边缘，海拔 1100~1300m。

喀什牛皮消 *Cynanchum kaschgaricum* Y. X. Liou

形态特征： 多年生草本，直立，高 40~50cm。茎直立，多分枝。单叶对生，三角状卵形或宽心形，先端锐尖，基部心形，两面无毛。伞房状聚伞花序生于中上部叶腋；花小，被鳞毛和腺点；花萼背部密被鳞毛或腺点，上部边缘有时暗紫色，萼 5 裂，裂片披针形；花冠暗紫色，被鳞毛和腺点，5 深裂，裂片长圆状披针形；副花冠 2 轮，外轮顶部具齿裂或全缘，内轮先端卵形，副花冠长于合蕊冠。蓇葖果单一，窄披针形。花期 5—6 月，果期 8—9 月。

生　　境： 生于山地半荒漠及荒漠，海拔 1100~1200m。

旋花科 Convolvulaceae

田旋花 *Convolvulus arvensis* L.

形态特征： 多年生草本。根状茎横走，茎平卧或缠绕。叶卵状长圆形至披针形，基部戟形，全缘或 3 裂。花序腋生；苞片 2，线形；萼片有毛，2 个外萼片稍短，长圆状椭圆形，内萼片近圆形；花冠宽漏斗形，白色或粉红色，5 浅裂。种子 4，卵圆形，无毛，暗褐色或黑色。花果期 6—8 月。

生　　境： 生于平原绿洲或低山带河谷，海拔 1100~2800m。

灌木旋花 *Convolvulus fruticosus* Pall.

形态特征：半灌木或小灌木，高 40~50cm。枝条上具单一的短而坚硬的刺；分枝、小枝和叶均密被贴生绢状毛。叶稀被多少张开的疏柔毛；叶几无柄；倒披针形至线形。花单生，位于短的侧枝上，通常在末端具两个小刺；萼片近等大，形状多变，宽卵形、卵形或椭圆形，密被贴生或多少张开的毛；花冠狭漏斗形，外面疏被毛；雄蕊 5，短于花冠；花柱丝状，柱头 2。蒴果卵形，被毛。花果期 4—8 月。

生　　境：生于塔里木盆地荒漠前山带的砾石滩上，海拔 1100~2500m。

紫草科 Boraginaceae

椭圆叶天芥菜 *Heliotropium ellipticum* Ldb.

形态特征：多年生草本，高 20~50cm。多分枝，密生白色短伏毛。叶有长柄；叶片椭圆形或椭圆状卵形，全缘，正面疏被短伏毛，背面密被短伏毛；叶柄长 0.8~3cm。花序长达 5cm，有密集的花，无苞片；花萼长约 2mm，5 裂至基部，密生短柔毛；花冠白色，高脚碟状，长约 3mm，5 浅裂；雄蕊 5，生花冠筒中部之上；花柱极短，柱头狭圆锥状，基部环状膨大。小坚果 4，卵形，长约 1.6mm，无毛。花果期 7—9 月。

生　　境：生于低山草坡、河谷、田边或荒漠边，海拔 1100~1200m。

软紫草 *Arnebia euchroma* (Royle) Johnst.

形态特征：多年生草本。根含紫色素。茎高15~40cm，花序之下不分枝，与叶、花序都密生开展的长糙毛。基生叶披针状条形或条形，长5~10cm，宽2~5mm，茎生叶形状似基生叶，但渐变小。花序近球形；苞片条状披针形或条形，比花短；花萼长约10mm，5深裂，裂片狭条形；花冠紫色，筒与萼近等长，基部无环，檐部钟状，长约5mm，5浅裂，喉部无附属物；雄蕊5。小坚果卵形。花果期6—8月。
生　　境：生于洪积扇、前山和中山带山坡，海拔1100~4000m。

黄花软紫草 *Arnebia guttata* Bunge

形态特征：多年生草本，根含紫色素，茎直立，高10~25cm，密被长硬毛和短伏毛。叶无柄，匙状线形。镰状聚伞花序，含多数花；苞片叶状；花冠黄色，筒状钟形，子房4深裂，花柱纤细，先端浅2裂。小坚果宽卵形，褐色。花期6—7月，果期8—9月。
生　　境：生于前山荒漠、砾石质山坡，海拔1100~3000m。

腹脐草 *Gastrocotyle hispida* (Forssk.) Bunge

形态特征：一年生草本。茎长达40cm，具棱，疏被刺毛，基部分枝。叶长圆形或长圆状披针形，长1.5~3cm，先端钝，具不整齐疏锯齿，稀波状，两面及边缘被刺毛；无柄。花遍生叶腋；花梗长1.5~2mm；花萼长2~3mm，裂片线状披针形，果时长达5mm；花冠长2.5~3.5mm，无毛，冠筒与花萼等长或稍短，冠檐裂片倒卵形，稍不等大，喉部附属物梯形，花药长约0.5mm；花柱长约1mm。小坚果长4~4.5mm。花果期6—8月。

生　　境：生于戈壁滩、盐碱地及冲积扇地带，海拔1100~1450m。

阿克陶齿缘草 *Eritrichium aktonense* Lian & J. Q. Wang

形态特征：多年生垫状草本，高5~15cm。茎直立或斜上，被白色伏毛。叶倒披针形或线状长圆形，两面被伏毛。花序生枝顶，数至10数花，果期延伸成总状，长可达10cm，具叶状苞片；花梗被伏毛，花期长3~5mm，果期可达1cm，斜伸或弯垂；花萼裂片倒披针形，长1.5~2.5mm，两面被伏毛，花冠淡蓝色，裂片倒卵形；花药椭圆形。小坚果背腹两面体型，除缘刺外，背面卵形，突起，密生短毛，腹面具龙骨突起，无毛或疏生微毛，中间有一小圆孔，棱缘的锚状刺卵状三角形，基部连合形成翅。花果期7—9月。

生　　境：生于砾石山坡，海拔3500~4000m。

西藏微孔草 *Microula tibetica* Benth

形态特征： 二年生草本，高约 1cm。茎极短，有极短且密集的分枝，疏生短毛。叶丛生，平铺地面，匙状矩圆形或匙形，长 2.5~13cm，宽 0.8~2.5cm，基部渐狭成扁的叶柄，两面有短硬毛。花序极短生分枝顶端，疏生硬毛；花无柄或近无柄；花萼长约 1.5mm，5 深裂，疏生硬毛；花冠白色，檐部直径约 3.5mm，5 裂，裂片圆形，喉部附属物 5；雄蕊 5，内藏；子房 4 裂。小坚果 4，卵形，疏生瘤状小突起和星状毛，在背面中央有或无圆形小环状突起。花果期 7—9 月。

生　　境： 生于山坡流沙或高原草地等，海拔 3000~4600m。

卵盘鹤虱 *Lappula redowskii* (Hornem.) Greene

形态特征： 一年生草本。主根单一，粗壮，圆锥形。茎高 20~50cm，直立，通常单生，中部以上多分枝，小枝斜升，密被灰色糙毛。茎生叶较密，线形或狭披针形，先端钝，两面有具基盘的长硬毛。花序生于茎或小枝顶端，果期伸长；花梗直立，花后稍伸长；花萼 5 深裂，裂片线形；花冠蓝紫色至淡蓝色，钟状。果实宽卵形或近球状，长约 3mm；小坚果具颗粒状突起，边缘具 1 行锚状刺，腹面常具皱褶；花柱短，隐藏于小坚果间。花果期 6—7 月。

生　　境： 生于荒地、田间、草原、沙地及干旱山坡等处，海拔 1900~2200m。

阿拉套鹤虱 *Lappula alatavica* (M. Pop.) Golosk.

形态特征：二年生草本，全体被糙毛。茎高 10~14cm，数条丛生。基生叶莲座状，为条状匙形，正面疏生糙伏毛，背面密被灰色糙伏毛；茎生叶较小，矩圆形。花序顶生，在果期长约 5mm；花萼深 5 裂，果期略增大；花冠淡蓝色，筒部与花萼等长，裂片倒卵形。小坚果 4，异形，具颗粒状突起，其中 2 个背面边缘具 1 行锚状刺，每侧有 5~7 个，长 1~1.5mm，基部增宽互相连合成狭翅，另外的 2 个小坚果无翅。其背盘边缘的棱上疏生 1 行极短的锚状刺或无刺；雌蕊基高出小坚果约 0.8mm。花果期 7—8 月。
生　　境：生于山前冲积平原，海拔 1300~2500m。

糙草 *Asperugo procumbens* L.

形态特征：一年生蔓生草本。茎细弱，攀缘，沿棱有短刺倒钩刺，通常有分枝。花通常单生叶腋，具短花梗；花萼长约 1.6mm，5 裂至中部稍下，有短糙毛，裂片线状披针形，稍不等大，花后增大，左右压扁，略呈蚌壳状，边缘具不整齐锯齿；花冠蓝色，喉部附属物疣状。小坚果狭卵形，灰褐色。花期 4—5 月，果期 5—6 月。
生　　境：生于山地草原、河谷及平原绿洲，海拔 1100~3500m。

长柱琉璃草 *Lindelofia stylosa* (Kar. & Kir.) Brand.

形态特征：多年生草本。茎高 20~100cm，有贴伏的短柔毛，上部有少数分枝。基生叶长达 28cm；叶片矩圆形，长约 18cm，正面和背面均有贴伏的短柔毛；茎下部叶近条形，有柄，中部以上叶无柄或近无柄，狭披针形。花序长约 7cm，无苞片，密生短柔毛；花萼长约 7mm，密生短柔毛；花冠紫色，筒状，长约 10mm，筒与花萼近等长，裂片 5；雄蕊 5，生花冠中部之上；花柱长。小坚果卵形，有短锚状刺和瘤状突起。花期 5—6 月，果期 7—8 月。

生　　境：生于山坡草地、河谷或灌丛，海拔 1200~2800m。

唇形科 Labiatae

毛穗夏至草 *Lagopsis eriostachys* (Benth.) Ik.-Gal. ex Knorr.

形态特征：多年生草本，高 25~30cm。茎带淡紫色，密被微柔毛。叶圆形，先端圆，基部心形，3 浅裂或深裂，裂片具圆齿或长圆状齿，基生叶裂片较大，正面疏被微柔毛，背面被腺点，沿脉被长柔毛，具缘毛。轮伞花序组成密短穗状花序，密被绵毛。花萼长约 4mm，密被微柔毛，萼齿三角形；花冠褐紫色，稍伸出，被绵状长柔毛，冠筒长约 5mm，上唇长圆形，全缘，下唇中裂片扁圆形，侧裂片椭圆形。小坚果褐色。花期 7—8 月，果期 8—9 月。

生　　境：生于中山带山坡碎石上及河谷，海拔 2200~3100m。

长苞荆芥 *Nepeta longibracteata* Benth.

形态特征：多年生草本。茎高5~10cm，细长，铺散，疏被短毛及白色腺点，上部被细长白毛。叶倒卵状楔形、卵状菱形、卵形或线状披针形，基部叶鳞片状，具粗圆齿，上部叶有时3浅裂，两面被淡灰色茸毛。花序球形；苞片淡紫色，线形，长1.7~1.9cm，边缘密被纤毛；花梗长1~1.5mm；花萼窄倒锥形，喉部偏斜；花冠蓝紫色，微被短柔毛，上唇内凹，下唇中部白色，被蓝色斑点，中裂片基部具短爪，先端凹缺，侧裂片倒卵形。花期7—8月，果期9月。

生　　境：生于高原石质山坡乱石堆上，海拔3500~5500m。

塔什库尔干荆芥（喀什荆芥）*Nepeta taxkorganica* Y. F. Chang

形态特征：多年生草本。植株高15~25cm，无主茎，基部褐色，上部淡绿色，全株均被有较稀疏的白色单一柔毛。叶具柄；叶片对生，卵圆形或宽卵圆形，基部宽楔形或近圆形，正面具较稀疏的短柔毛，背面密被一层疏松的白色交织的茸毛。苞叶卵形，两面密被白色短柔毛及混生腺毛；苞片比萼短，与萼均满布白色短柔毛；花萼狭筒状，长5~6mm；花冠淡紫色，长约1.2cm，冠檐二唇形，上唇先端深裂而成长圆形裂片，下唇3裂，中裂片先端具凹缺，侧裂片半圆形；雄蕊4个。花果期7—8月。

生　　境：生于高山石质山坡，海拔3000~4500m。

长蕊青兰 *Fedtschenkiella Staminea* (Kar. & Kir.) Kudr.

形态特征：多年生草本。茎多数，长 10~27cm，紫红色，被倒向的小毛。下部叶具长柄，中部叶叶柄与叶片等长或稍长；叶片宽卵形，长 0.8~1.3cm，两面疏生小柔毛，下面具金黄色腺点。轮伞花序密集呈头状；苞片椭圆状卵形或倒卵形，密被长柔毛，有 4~5 个小齿，齿具长刺；花萼长 6~7mm，外密被长绵毛，紫色，2 裂几达中部，上唇 3 裂，裂片近等大，三角状卵形，顶端刺状渐尖，中齿基部有 2 个具长刺的小齿，下唇稍短，2 裂，裂片披针形；花冠蓝紫色，长约 8mm；雄蕊 4，二强，后对雄蕊远伸出冠筒外；花柱伸出。小坚果矩圆形。花期 6—7 月，果期 7—8 月。

生　　境：生于山地、草坡或溪边，海拔 1700~2500m。

异叶青兰（白花枝子花）*Dracocephalum heterophyllum* Benth.

形态特征：多年生草本。茎高 15~30cm，密被倒向微柔毛。叶宽卵形或长卵形，长 1.3~4cm，先端钝圆，基部心形，下面疏被短柔毛或近无毛，具浅圆齿或锯齿及缘毛；叶柄长 2.5~6cm，茎上部叶柄短。轮伞花序具 4~8 花；苞片倒卵状匙形或倒披针形，长达 8mm。花萼淡绿色，长 1.5~1.7cm，疏被短柔毛，具缘毛，上唇 3 浅裂，萼齿三角状卵形，具刺尖，下唇 2 深裂，先端具刺；花冠白色，长 1.8~3.4（3.7）cm，密被白色或淡黄色短柔毛。花期 6—7 月，果期 8—9 月。

生　　境：生于山地草原，海拔 1100~5000m。

高山糙苏 *Phlomis alpina* Pall.

形态特征：多年生草本，高 20~50cm。茎单生，多少直立，下部无毛或被短柔毛，上部被向下长柔毛或星状毛。基生叶及下部的茎生叶心形；茎生叶下部的苞叶卵状长圆形，具圆齿，上部的苞叶线状披针形，超过轮伞花序许多，疏被单节茸毛。轮伞花序多花；苞片微弯曲，狭线形；花萼钟形，被短柔毛；花冠粉红色，冠筒无毛，上唇为不整齐的锐牙齿状，下唇具阔圆形中裂片及长圆形的侧裂片；雄蕊具短距状附属物；花柱裂片不等长。小坚果顶端被毛。花期 6—7 月，果期 7—8 月。
生　　境：生于亚高山草甸或山地草甸，海拔 3100~4200m。

草原糙苏 *Phlomis pratensis* Kar. & Kir.

形态特征：多年生草本。茎高 30~60cm，四棱形，被长柔毛，中部以上被星状毛。基生叶及下部茎生叶心状卵形或卵状长圆形；中部茎生叶圆形，较小，基部浅心形，正面被星状柔毛，背面被星状柔毛及单毛。轮伞花序具短梗或近无梗；苞叶卵状长圆形，苞片线状钻形，被星状柔毛；花萼管形，被单毛及星状柔毛，萼齿具芒尖；花冠紫红色；冠筒下部无毛，上唇具不整齐锯齿，下唇中裂片宽倒卵形，侧裂片卵形。小坚果无毛。花期 6—7 月，果期 7—8 月。
生　　境：生于亚高山草原，海拔 1500~3600m。

阔刺兔唇花 *Lagochilus platyacanthus* Rupr

形态特征：多年生植物，高 15~30cm。叶三出式羽状分裂，具线形或卵圆形的小裂片，下部的叶片菱形，上部的圆形，均具长 5~17mm 的柄。轮伞花序 4~8 花；苞片长 7~12mm，披针形，锐利，具明显的肋，密被具 2~5 节的毛茸及具柄头状腺体；花萼被具 2~3 节的紧密茸毛状毛被和无柄头状腺体，萼齿卵圆形，与萼筒等长或比萼筒短。花冠长为花萼的 2 倍，上唇 2~3 深裂，具披针形裂片，下唇中裂片短缺，分成 2 圆形的裂片，侧裂片长圆形。花期 6—7 月，果期 8 月。

生　　境：生于干旱砾石质坡地上或碎石坡灌丛中，海拔 2200~3100m。

新疆鼠尾草 *Salvia deserta* Schang

形态特征：多年生草本。茎高 30~80cm，被疏柔毛及微柔毛。叶卵形或披针状卵形，被短柔毛。轮伞花序具 4~6 花，密集成顶生假总状或圆锥状花序；苞片宽卵形；花萼卵状钟形，长 5~6mm，外被毛及腺点，上唇半圆形，顶端具 3 小齿，下唇深裂为 2 齿；花冠蓝紫色至紫色，长 9~10mm，筒内面前方有一毛带，下唇中裂片宽倒心形；花丝长约 2mm。小坚果倒卵圆形，光滑。花果期 8—9 月。

生　　境：生于山地草原、平原绿洲、田间及路旁，海拔 1100~1850m。

南疆新塔花（帕米尔新塔花）*Ziziphora pamiroalaica* Juz. ex Nevski

形态特征：半灌木，极芳香。茎多数，高 20~50cm，被稍坚硬且下弯的毛，通常带红色。叶不大或为中等大小，长 2~15mm，宽 1.7~7mm，长圆状卵圆形至近圆形，通常两侧对折，基部渐狭成柄；脉在叶背面稍突起，具明显的腺点；苞叶与叶同形，通常不超出花萼，常反折。花序头状，十分密集；花梗极短。花萼绿色、淡紫色或深紫色，直立或稍弯曲，密被柔软白色长毛；花冠玫瑰红色，具有稍外伸的冠筒及宽大的冠檐。花期 6—7 月，果期 8—9 月。

生　　境：生于砾石质坡地上，海拔 1500~2300m。

小新塔花 *Ziziphora tenuior* L.

形态特征：一年生草本，高 5~25cm。茎细长，直立，被倒向短柔毛。叶线状披针形或披针形，先端渐尖，基部渐窄成短柄，全缘，两面无毛或被细糙伏毛，稍被不明显腺点。轮伞花序具 2~6 花，组成长 2~11cm 穗状花序；苞叶具缘毛。花梗长 1.5~4mm，花萼管状，长 5~7mm，果时基部囊状，被开展硬毛，萼齿卵状三角形；花冠长约 1cm，冠筒稍伸出；能育雄蕊 2，内藏。花期 6—7 月，果期 8 月。

生　　境：生于低山砾石质山坡及荒漠草原，海拔 1200~2800m。

薄荷 *Mentha haplocalyx* Briq.

形态特征：多年生草本，高 30~70cm。茎四棱形，由基部多分枝。叶片长圆状披针形至椭圆形，边缘在基部上具较粗大的牙齿状锯齿，两面均被较密的柔毛。花轮伞花序，腋生，外轮廓球形；花萼管状钟形；花冠淡紫色，冠檐 4 裂，上裂片先端 2 裂，较大，其余 3 裂片近等大；雄蕊 4 个，前对较长；花柱略超出雄蕊。小坚果卵圆形。花期 7 月，果期 8—9 月。

生　　境：生于平原绿洲、农田附近潮湿地及水沟边，海拔 1100~3500m。

亚洲薄荷（假薄荷）*Mentha asiatica* Boriss.

形态特征：多年生草本，高达 30~100cm。茎稍分枝，密被细茸毛。叶长圆形、椭圆形或长圆状披针形，长 3~8cm，疏生不整齐浅牙齿，两面带灰绿色，被平伏细茸毛，下面被腺点。轮伞花序组成圆柱形穗状花序；苞片线形或钻形，小苞片钻形；花萼稍紫红色，长 1.5~2mm，被平伏短柔毛；花冠紫红色，长 4~5mm，被柔毛，上裂片长圆状卵形，其余 3 裂片长约 1mm。小坚果褐色。花期 7—8 月，果期 8—10 月。

生　　境：生于溪边、沟谷、田间及荒地，海拔 1100~5000m。

欧地笋 *Lycopus europaeus* L.

形态特征：多年生沼泽植物，高 20~60cm。茎直立，四棱形，光滑或极稀的柔毛。叶长圆状椭圆形或披针状椭圆形。花为轮伞花序；花萼钟状，外面被稀疏的柔毛，内面无毛，萼齿 5 个，披针形，近相等，先端具尖刺；花冠白色，外面被微柔毛，里面在花丝着生的基部具白柔毛，冠檐二唇形，上唇直伸，长圆形，下唇 3 裂，裂片近相等；雄蕊 4 个；花柱稍伸出冠外。小坚果三棱形。花期 6 月，果期 8—9 月。

生　　境：生于平原绿洲、渠边、潮湿地及沼泽，海拔 1100~1200m。

密花香薷 *Elsholtzia densa* Benth.

形态特征：多年生草本。茎直立，高 30~80cm，被短柔毛。叶具柄，披针形，长 1~10cm，两面被短柔毛。轮伞花序多花密集；苞片倒卵形，顶端钝，边缘被串珠状疏柔毛；花冠钟状，长约 1.5mm，外面及边缘密被具节疏柔毛；花冠淡紫色，长约 2.5mm，外密被具节疏柔毛，内有毛环，上唇直伸，顶端微凹，下唇 3 裂，中裂片较大。小坚果近圆形，外被微柔毛。花期 7 月，果期 9 月。

生　　境：生于高山草甸、河边及山坡荒地、灌丛，海拔 1800~4100m。

帕米尔分药花 *Perovskia pamirica* Y. C. Yong

形态特征：半灌木。茎高50cm。叶狭窄，狭披针形，顶端钝，羽状深裂，裂片长圆形或卵形，两面疏被星状毛和较密的黄色腺点；苞叶线形。花多数，花梗长1~1.5mm，密被短柔毛；苞片淡紫色，膜质，边缘密被白色睫毛；花萼管状钟形，淡紫色，具8脉，上部被疏短毛或几无毛，萼齿边缘具分枝的睫毛；花冠蓝色，无毛，有稀疏的腺点，管檐二唇形，上唇4裂，有暗紫色的条纹，下唇长圆状椭圆形，全缘；雄蕊4。小坚果倒卵，淡褐色。花果期6—8月。

生　　境：生于石质和砾石质山坡及河谷中，海拔1100~2800m。

茄科 Solanaceae

黑果枸杞 *Lycium ruthenicum* Murr.

形态特征：多棘刺灌木，高20~70cm。多分枝，枝条坚硬，常呈“之”字形弯曲，白色。叶2~6片簇生于短枝上，肉质，无柄，条形、条状披针形或圆柱形，长5~30mm，顶端钝而圆。花1~2朵生于棘刺基部两侧的短枝上；花梗细，长5~10mm；花萼狭钟状，长3~4mm，2~4裂；花冠漏斗状，筒部常较檐部裂片长2~3倍，浅紫色，长1cm；雄蕊不等长。浆果球形，成熟后紫黑色，直径4~9mm。种子肾形，褐色。花果期5—10月。

生　　境：生于平原荒漠、盐碱地、盐化沙地、河湖沿岸、干河床或路旁，海拔1100~3000m。

天仙子 *Hyoscyamus niger* L.

形态特征：二年生草本，高30~100cm，全体生有短腺毛和长柔毛。茎基部有莲座状叶丛。叶互生，矩圆形，基生叶长可达25cm，基部半抱茎或截形，边缘羽状深裂或浅裂。花单生于叶腋，在茎上端聚集成顶生的穗状聚伞花序；花萼筒状钟形，长约1.5cm，5浅裂，裂片大小不等，果时增大成壶状，基部圆形；花冠漏斗状，黄绿色，基部和脉纹紫堇色，5浅裂；雄蕊5。蒴果卵球状，由顶端盖裂，藏于宿萼内。种子近圆盘形。花期6—8月，果期8—10月。

生　　境：生于平原及山区、路旁、村旁、田野及河边沙地，海拔1100~3100m。

红果龙葵 *Solanum alatum* Moench.

形态特征：直立草本，高约40cm，多分枝。叶卵形至椭圆形，长2~5.5cm，宽1~3cm，边缘近全缘，两面均疏被短柔毛；叶柄具狭翅，长5~8mm。花序近伞形，腋外生，被微柔毛或近无毛，花紫色，直径约7mm；萼杯状，直径约2mm，外面被微柔毛，萼齿5，近三角形，长不及1mm，先端钝，基部两萼齿间连接成弧形；花柱丝状。浆果球状，朱红色，直径约6mm。种子近卵形，两侧压扁。花期6—8月，果期8—10月。

生　　境：生于平原绿洲、山前荒漠、河谷，海拔1100~1200m。

龙葵 *Solanum nigrum* L.

形态特征：一年生直立草本，高 0.3~1m。茎直立，多分枝。叶卵形，长 2.5~10cm，宽 1.5~5.5cm，全缘或有不规则的波状粗齿，两面光滑或有疏短柔毛；叶柄长 1~2cm。花序短蝎尾状，腋外生，有 4~10 朵花，总花梗长 1~2.5cm；花梗长约 5mm；花萼杯状，直径 1.5~2mm；花冠白色，辐状，裂片卵状三角形；雄蕊 5；子房卵形，花柱中部以下有白色茸毛。浆果球形，直径约 8mm，熟时黑色。种子近卵形，压扁状。花期 5—8 月，果期 7—11 月。
生　　境：生于平原绿洲、荒地、农田旁，海拔 1100~3000m。

曼陀罗 *Datura stramonium* L.

形态特征：直立草本或半灌木状，高 0.5~1.5m。叶宽卵形，缘有不规则波状浅裂，裂片三角形，有时有疏齿，脉上有疏短柔毛；叶柄长 3~5cm。花常单生于枝分叉处或叶腋，直立；花萼筒状，有 5 棱角，长 4~5cm；花冠漏斗状，长 6~10cm，直径 3~5cm，下部淡绿色，上部白色或紫色；雄蕊 5；子房卵形，不完全 4 室。蒴果直立，卵状，成熟后 4 瓣裂。种子卵圆形，稍扁，长约 4mm，黑色。花期 6—10 月，果期 7—11 月。
生　　境：生于平原绿洲、水旁、路边或草地上，海拔 1100~1300m。

玄参科 Scrophulariaceae

羽裂玄参 *Scrophularia kiriloviana* Schischk.

形态特征：半灌木状草本，高 30~50cm。茎近圆形，无毛。叶片轮廓为卵状椭圆形至卵状矩圆形，前半部边缘具牙齿或大锯齿至羽状半裂，后半部羽状深裂至全裂，裂片具锯齿，稀全部边缘具大锯齿。花序为圆锥花序，主轴至花梗均疏生腺毛；花萼长约 2.5mm，裂片近圆形，具明显宽膜质边缘；花冠紫红色，上唇裂片近圆形，下唇侧裂片长约为上唇之半；退化雄蕊矩圆形至长矩圆形。蒴果球状卵形。花期 5—7 月，果期 7—8 月。

生　　境：生于河谷、山坡阴处、溪边、石隙或干燥砂砾地，海拔 1100~2100m。

砾玄参 *Scrophularia incisa* Weinm

形态特征：半灌木状草本，高 20~50（70）cm。茎近圆形，多枝丛生，有棱。叶柄长 1~3cm；叶片长卵形至宽条形，长 2~10cm，几无网脉，琴状分裂至不裂且有深刻的尖齿，裂片有粗齿。聚伞圆锥花序顶生，狭长，小聚伞有花 1~6 朵；花萼长 3mm，裂片卵圆形，边缘有白色膜质的宽带；花冠深紫色，上唇 2 裂，裂片宽圆；退化雄蕊矩圆形至卵状披针形。蒴果球形，顶端尖，长 5~6mm。花期 6—8 月，果期 8—9 月。

生　　境：生石砾山坡、河谷、河滩或湿山沟草坡，海拔 1100~2600m。

野胡麻 *Dodartia orientalis* L.

形态特征：多年生直立草本，高 15~50cm，无毛或幼嫩时疏被柔毛。根粗壮，须根少。茎单一或束生，近基部被棕黄色鳞片，枝伸直，细瘦，扫帚状。叶疏生，茎下部的对生或近对生，上部的常互生，宽条形，全缘或有疏齿。总状花序顶生，伸长，花稀疏；花萼近革质，萼齿宽三角形；花冠紫色或深紫红色；雄蕊花药紫色；花柱伸直，无毛。蒴果圆球形，褐色或暗棕褐色。种子卵形，长 0.5~0.7mm，黑色。花果期 5—9 月。

生　　境：生于低山带、田野或坡地，海拔 1100~1400m。

两裂婆婆纳 *Veronica biloba* L.

形态特征：多年生草本，高 5~50cm。茎直立，通常中下部分枝，疏生白色柔毛。叶全部对生，有短柄，矩圆形至卵状披针形，边缘有疏而浅的锯齿，各部分疏生白色腺毛。苞片比叶小，披针形至卵状披针形；花梗与苞片等长，花后伸展或弯曲；花萼侧向较浅裂，裂片卵形或卵状披针形，明显 3 脉；花冠白色、蓝色或紫色，后方裂片圆形，其余 3 枚卵圆形；花丝短于花冠。蒴果，被腺毛，几乎裂达基部而成 2 个分果。种子有不明显横皱纹。花果期 4—8 月。

生　　境：生于荒地、草原和山坡，海拔 1100~3000m。

短腺小米草 *Euphrasia regelii* Wettst.

形态特征：一年生草本，植株干时几变黑。茎直立，高达35cm，被白色柔毛。叶和苞片无柄；下部的楔状卵形，先端钝；中部的稍大，卵形或卵圆形，长0.5~1.5cm，基部宽楔形；均被刚毛和短腺毛，腺毛的柄1（2）细胞。花序通常在花期短，果期伸长或达15cm。花萼管状，与叶被同类毛，长4~5mm，果期长达8mm，裂片披针形或钻形；花冠白色，外面多少被白色柔毛，背面最密，下唇比上唇长。蒴果长圆状。花期6—7月，果期8—9月。

生　　境：生于草地、湿草地，海拔1200~3500m。

疗齿草 *Odontites serotina* (Lam.) Dum.

形态特征：一年生草本，高20~60cm，全体被贴伏而倒生的白色细硬毛。茎常在中上部分枝，上部四棱形。叶无柄，披针形至条状披针形，长1~4.5cm，宽0.3~1cm，边缘疏生锯齿。穗状花序顶生；苞片下部的叶状；花萼长4~7mm，果期多少增大，裂片狭三角形；花冠紫色、紫红色或淡红色，长8~10mm，外被白色柔毛。蒴果长4~7mm，上部被细刚毛。种子椭圆形，长约1.5mm。花果期6—8月。

生　　境：生于草原、河谷或灌丛，海拔1500~2000m。

欧氏马先蒿（欧亚马先蒿）*Pedicularis oederi* Vahl

形态特征： 多年生草本，高 5~15cm。根多数，稍纺锤形，肉质。茎花莛状，常被绵毛。叶多基生，成丛宿存，柄长达 5cm，叶线状披针形或线形，长 1.5~7cm，羽状全裂，裂片 10~20 对，有锯齿，茎生叶 1~2 枚，较小。花序顶生；苞片叶状，常被绵毛。花萼窄圆筒形，长 0.9~1.2cm，萼齿 5，后方 1 枚较小，全缘，余顶端膨大有锯齿；花冠黄白色，上唇顶端紫黑色，有时下唇及上唇下部有紫斑，冠筒近端稍前曲，花前俯，上唇长 7~9mm，额部前端稍三角形突出，下唇宽大于长，中裂片小，突出；花丝前方 1 对被毛。蒴果长卵形或卵状披针形，长达 1.8cm。花期 6—7 月，果期 7—8 月。

生　　境： 生于山地草原至亚高山、高山草甸，海拔 1400~3500m。

长根马先蒿 *Pedicularis dolichorrhiza* Schrenk

形态特征： 多年生草本，高 0.2~1m。根多数成丛，长达 15cm，纺锤形，稍肉质。茎直立，不分枝，被白毛。叶互生，基生叶丛生，柄长达 27cm，叶窄披针形，长达 25cm，宽达 6cm，羽状全裂，裂片多达 25 对，茎生叶向上渐小，柄渐短。花序长穗状，花疏生，长超过 20cm。花萼长达 1.3cm，被疏长毛，前方稍开裂，萼齿 5，短，左右两齿连成大齿，有缘毛；花冠黄色，冠筒长 1.3~1.6cm，上唇上端镰状弓曲，喙长约 3mm，斜平截，顶端 2 齿裂，下唇与上唇近等长，3 裂片均有啮痕状齿；花丝前方 1 对有毛。蒴果长 1~1.1（1.5）cm，有突尖。花期 6—7 月，果期 7—8 月。

生　　境： 生于山地草原、河谷，海拔 1500~3000m。

拟鼻花马先蒿 *Pedicularis rhinanthoides* Schrenk ex Fisch. & Mey.

形态特征：多年生草本，高 4~30cm，干时略转黑色。根茎很短，纺锤形或胡萝卜状，肉质，长可达 7cm。茎直立或弯曲上升，有光泽。叶基生者常成密丛，柄长 2~5cm，叶片线状长圆形，羽状全裂，裂片 9~12 对，具胼胝质突尖的牙齿，背面碎冰纹网脉清楚，在网眼中叶面突起，茎叶少数，柄较短。头状总状花序或多少伸长，可达 8cm；苞片叶状；花梗短，无毛；萼卵形而长，长 12~15mm，萼管前方开裂至 1/2，上半部有密网纹，常有美丽的色斑，齿 5 枚，后方 1 枚披针形全缘，其余 4 枚较大，自狭缩的基部膨大为卵形，齿端常有白色胼胝；花冠玫瑰色，管几长于萼 1 倍，外面有毛，大部伸直，在近端处稍稍变粗而微向前弯，盔直立部分较管为粗，继管端而与其同指向前上方，长约 4mm，上端多少作膝状屈向前成为含有雄蕊的部分，长约 5mm，前方狭细成为半环状卷曲之喙，长约 7mm，下唇 14~17mm，基部宽心形，伸至管的后方，裂片圆形，侧裂大于中裂 1 倍；雄蕊着生于管端，前方 1 对花丝有毛。蒴果长于萼，披针状卵形，长 19mm，宽 6mm。种子卵圆形，浅褐色，有明显的网纹，长 2mm。花期 7—8 月，果期 8—9 月。

生　　境：生于多水或潮湿草甸中，海拔 2300~5000m。

小根马先蒿 *Pedicularis leptorhiza* Rupr

形态特征：一年生草本，直立，高达 12cm。根细而纺锤形，长 4cm。茎单条或自根颈发出多条（达 6 条），有线纹，有从叶柄延下的线，不分枝，无退化为鳞片之叶。叶均自基部开始生长，下方两轮极靠近，其上两轮疏远，其余均生花，每轮 2~4 枚，在单茎的个体中有时 5 枚轮生，柄长 3~8mm，羽状全裂，裂片 6~7 对，疏远，羽状浅裂。花序穗状，长 18~30mm，在所有茎顶均同时开放，始稠密，后来基部间断；苞片下部者叶状，上部者与萼等长，鞘状，狭卵形而膜质，尖端叶状而短，有细齿；萼开花时长 7.5mm，钟形，有 5 主 5 次之脉，脉上有粗毛，管膜质，齿 5 枚；花冠长 20mm，管下部伸直，超过萼 2 倍以上，上部向前膝屈，在喉的前方膨大，其直的部分比前俯的部分加上盔部还长 1/2 以上，盔的亚卵形含有雄蕊的部分连基宽圆锥形截头的喙约与其基部一段等长，下唇略短于盔，伸张，宽过于长，缘有不规则细齿，3 裂，裂片圆形，中裂稍小，有短柄，向前突出；花丝着生于管端之下，较长的 1 对有毛；药长圆形，灰褐色；子房卵圆形，花柱伸出。花期 7—8 月，果期 8—9 月。

生　　境：生于山地草原及灌丛中，海拔 1500~3000m。

堇色马先蒿 *Pedicularis violascens* Schrenk

形态特征：多年生草本，高 8~30cm。茎单一或从根颈生出多达 10 条，不分枝，被成行毛。基生叶柄长 1~5cm，叶披针状或线状长圆形，长 2.4~4.4cm，宽 0.2~1.4cm，羽状全裂，裂片 6~9 对，卵形，羽状深裂，小裂片具有刺尖的重锯齿，茎生叶与基出叶相似而较短，轮生。花序长 2~6cm，花轮生；苞片宽菱状卵形，掌状 3~5 裂。花萼长 6~7（10）mm，前方开裂，萼齿 5，不等，细长，有细齿；花冠紫红色，长约 1.7cm，冠筒长约 1.1cm，近中部向前上方膝曲，上唇稍镰状弓曲，额部圆钝或略方，下唇长约 4mm，中裂片较小而突出；花丝 1 对有微毛。蒴果斜披针状扁卵圆形，长 1.4cm，顶端向下弓曲，有突尖。花期 7—8 月，果期 8—9 月。

生　　境：生于山地草原、亚高山及高山草甸，海拔 1500~3500m。

轮叶马先蒿 *Pedicularis verticillata* L.

形态特征：多年生草本，高 15~35cm。茎常成丛，上部具毛线 4 条。基出叶片矩圆形至条状披针形，长 2.5~3cm，羽状深裂至全裂，裂片有缺刻状齿，齿端有白色胼胝；茎生叶一般 4 枚轮生，叶片较宽短。花序总状；花萼球状卵圆形，前方深开裂，齿后方 1 枚较小，其余的两两合并成三角形的大齿，近全缘；花冠紫红色，长 13mm，筒约在近基 3mm 处以直角向前膝屈，由萼裂口中伸出，下唇约与盔等长或稍长，裂片上有时红脉极显著，盔略镰状弓曲，长 5mm；花丝前方 1 对有毛。蒴果多少披针形。花期 7—8 月，果期 8—9 月。

生　　境：生于亚高山及高山草甸，海拔 2500~3600m。

碎米蕨叶马先蒿 *Pedicularis cheilanthifolia* Schrenk

形态特征：多年生草本，高5~30cm。茎不分枝，具毛线。基生叶丛生，宿存，柄长3~4cm；茎叶4枚轮生，柄较短，叶线状披针形，长0.75~4cm，宽2.5~8mm，羽状全裂，裂片8~12对，羽状浅裂，有重锯齿。花序长2~10cm；苞片叶状。花萼长圆状钟形，长8~9mm，前方裂至1/3，脉上有密毛，萼齿5，不等，后方1枚较小；花冠紫红色或白色，冠筒初直伸，后近基部几以直角向前膝曲，长1.1~1.4cm，上唇长约1cm，额部不圆突，镰状弓曲，喙不明显或短圆锥形，长不及1mm，不反翅；花丝基部有微毛。蒴果披针状三角形，长达1.6cm，下部为宿萼所包。花期7—8月，果期8—9月。

生　　境：生于亚高山及高山草甸，海拔2600~3500m。

阿拉善马先蒿 *Pedicularis alaschanica* Maxim.

形态特征：多年生草本，高可达35cm。茎多条，上部不分枝，密被锈色茸毛。叶茎生者下部对生，上部3~4枚轮生；叶柄沿中肋有宽翅，被短茸毛，翅缘有卷曲长柔毛；叶片披针状矩圆形至卵状矩圆形，长2.5~3cm，宽1~1.5cm，裂片条形，边缘有细锯齿。花序穗状；苞片叶状，柄变宽，长于或近等于花；花萼前方不裂，5齿中后方1枚较短，全缘；花冠黄色，长20~25mm，筒在中上部稍向前膝屈，下唇与盔等长或稍长，中裂甚小，盔稍镰状弓曲，额向前下方倾斜，端渐细成稍下弯的短喙，喙长2~3mm；花丝仅前方1对端有长柔毛。花期7—8月，果期8—9月。

生　　境：生于河谷、湖边平地、多石砾或沙质阳坡，海拔3900~5100m。

列当科 Orobanchaceae

管花肉苁蓉 *Cistanche tubulosa* Wight

形态特征：多年生寄生草本，高 60~75cm。茎不分枝，基部直径 2~3cm。叶三角状披针形，长 2~3cm，宽约 0.5cm，向上渐窄。穗状花序，长 13~25cm，直径 4~5cm，苞片三角状披针形，长 1.5~2cm，宽约 0.6cm；小苞片 2 枚，线状披针形，长 1.1~1.3cm，宽 1~1.5mm；花萼筒状，长约 1.2cm，顶端 5 裂至中部，裂片近等大，长约 6mm，宽约 4mm；花冠筒状漏斗形，长约 3.5cm，顶端 5 裂，近等大，近圆形，长约 5mm，宽约 7mm，无毛；雄蕊 4 枚，花丝着生于筒基部 8~9mm 处，长 1.5~1.7cm，基部稍膨大，密被黄白色长柔毛，花药卵圆形，长 4~5mm，密被长 2~3mm 的黄白色柔毛，基部钝圆。蒴果长圆形，长约 1.5cm，直径约 1cm。种子多数，近圆形，长 0.8~1mm，黑褐色，外面网状，有光泽。花期 5—6 月，果期 7—8 月。

生　　境：生于塔里木盆地沙漠边缘，海拔 1100m 左右。

弯管列当 *Orobanche cernua* Loefling

形态特征：一年生、二年生或多年生寄生草本，高 15~35cm，全株密被腺毛。茎黄褐色，直径 0.5~2cm。叶卵状三角形或卵状披针形，长 0.7~1cm，宽 4~6mm，密被腺毛，内面近无毛。花序穗状，长 6~25cm，具多数花；苞片卵状三角形或卵状披针形，长约 7mm，宽 4~6mm；花萼钟状，长 6~8mm，裂片顶端常 2 裂，小裂片线状披针形，先端尾尖；花冠长 1.1~1.3cm，在花丝着生处膨大，向上缢缩，筒部淡黄色，从缢缩处扭转向下膝状弯曲，上唇 2 浅裂，下唇稍短于上唇，3 裂，裂片淡紫色或淡蓝色，近圆形，长约 2mm，常外卷；雄蕊 4 枚，花丝着生于距筒部4~5mm 处，长 5~6mm，无毛，基部稍增粗，花药卵形，长约 1mm，基部具小尖头。蒴果长圆形或长圆状椭圆形，长 1~1.2cm，直径 5~7mm。种子长卵形或长椭圆形，长 0.3~0.4mm，宽约 0.2mm，表面具网状纹饰。花期 5—7 月，果期 7—9 月。

生　　境：生于塔里木盆地沙漠边缘、昆仑山低山丘陵和山地草原，海拔 1100~2300m。

车前科 Plantaginaceae

大车前 *Plantago major* L.

形态特征： 多年生草本，高 15~30cm，须根。基生叶直立，卵形或宽卵形，长 3~10cm，宽 2.5~6cm，边缘波状或有不整齐锯齿，两面有短或长柔毛；叶柄长 3~9cm。花莛数条，近直立，长 8~20cm；穗状花序长 4~9cm，花密生；苞片卵形，较萼裂片短，二者均有绿色龙骨状突起；花冠裂片椭圆形或卵形，长 1mm。蒴果圆锥状，长 3~4mm，周裂。种子 6~10，矩圆形，长约 1.5mm，黑棕色。花期 7—8 月，果期 8—9 月。

生　　境： 生于平原绿洲、路边、沟旁、草地、田埂等潮湿处，海拔 1100~2800m。

蛛毛车前 *Plantago arachnoidea* Schrenk

形态特征： 多年生小草本，高 5~25（30）cm。根茎、叶、花序密被白色或淡褐色蛛丝状毛。直根粗长。叶基生呈莲座状，披针形或线形；叶柄长 1.2~2.5cm。穗状花序紧密或下部间断；花序梗长 5~20cm；苞片卵形或卵圆形，边缘被蛛丝状毛。花萼与苞片近等长，萼片龙骨状突起宽厚，不延至顶端，先端及边缘被蛛丝状毛；花冠白色，无毛，花冠筒与萼片近等长，裂片长 1~1.5mm，花后反折。蒴果卵圆形。种子 1~2（4），长圆形或卵圆形。花期 6—8 月，果期 7—9 月。

生　　境： 生于山地草原、亚高山草原、河谷草甸或河滩，海拔 1100~3500m。

平车前 *Plantago depressa* Willd.

形态特征：一年生草本，高 8~30cm。有圆柱状直根。基生叶直立或平铺，椭圆形、椭圆状披针形或卵状披针形，长 4~10cm，宽 1~3cm，有柔毛或无毛，纵脉 5~7 条。花莛长 4~17cm，疏生柔毛；穗状花序长 4~10cm，顶端花密生，下部花较疏；苞片三角状卵形，长 2mm；萼裂片椭圆形，长约 2mm；花冠裂片椭圆形或卵形，顶端有浅齿；雄蕊稍超出花冠。蒴果圆锥状。种子 5。花期 6—7 月，果期 7—8 月。

生　　境：生于平原绿洲、草地、河滩、沟边、草甸、田间或路旁，海拔 1100~3800m。

柯尔车前（湿车前）*Plantago cornuti* Gouan.

形态特征：多年生草本，高 15~60cm。直根较粗壮。基生叶直立，叶质厚，长 4~20cm，宽 2~9cm，卵球形或椭圆形，稀基部稍被毛，背部或仅脉上被柔毛。穗状花序长 5~20cm，下部较疏，上部较密；苞片为萼长一半或更小，卵形，边缘膜质，无毛或上部边缘具短缘毛；萼片长约 3mm，宽卵形，边缘窄膜质；花冠裂片宽卵形，渐尖，长约 3.5mm。蒴果卵状椭圆形。种子短椭圆形。花期 6—8 月，果期 7—9 月。

生　　境：生于平原绿洲、石山坡、盐碱地、水边草地或河滩，海拔 1100~2800m。

披针叶车前（长叶车前）*Plantago lanceolata* L.

形态特征：多年生草本，高15~50cm。根状茎短，生细须根。基生叶披针形、椭圆状披针形或条状披针形，长5~20cm，宽5~35mm，全缘，两面密生柔毛或无毛，具3~5显明纵脉；叶柄长2~4.5cm，基部有长柔毛。花莛长15~40cm，有密柔毛；穗状花序圆柱状，长2~3.5cm；苞片宽卵形；前萼裂片倒卵形，长3~4mm，连合；花冠裂片三角状卵形，长约2mm。蒴果椭圆形。种子1~2，椭圆形。花期5—6月，果期7—8月。

生　　境：生于平原绿洲、河边、路旁或山坡草地，海拔1100~3500m。

中车前（北车前）*Plantago media* L.

形态特征：多年生草本，全株被短柔毛，高15~50cm。直根较粗，圆柱状；根茎粗短，具叶柄残基，有时分枝。叶基生呈莲座状，椭圆形或卵形，长4.5~13cm，两面散生白色柔毛，脉7~9条；叶柄长0.5~8cm，密被倒向白色柔毛。穗状花序通常2~3，长3~8cm，密集；花序梗长15~40cm，被向上的白色短柔毛；苞片窄卵形。萼片与苞片约等长，无毛；花冠银白色，无毛，冠筒约与萼片等长，裂片卵状椭圆形，花后反折。蒴果卵状椭圆形。种子4（2）。花期6—7月，果期7—8月。

生　　境：生于山地草原、河滩、沟谷或灌丛，海拔1360~2000m。

茜草科 Rubiaceae

蓬子菜 *Galium verum* L.

形态特征：多年生近直立草本，基部稍木质，高 25~45cm。茎有 4 棱角，被短柔毛。叶 6~10 片轮生，无柄，条形，长达 3cm，顶端急尖，边缘反卷，正面稍有光泽，仅背面沿中脉两侧被柔毛，干时常变黑色。聚伞花序顶生和腋生，通常在茎顶结成带叶的圆锥花序状，稍紧密；花小，黄色，有短梗；花萼小，无毛；花冠辐状，裂片卵形。果小，果爿双生，近球状，直径约 2mm，无毛。花期 6—8 月，果期 7—8 月。
生　　境：生于山地草原、山地草甸类草地等，海拔 1500~3300m。

忍冬科 Caprifoliaceae

小叶忍冬 *Lonicera microphylla* Willd.

形态特征：落叶灌木，高 2~3m。小枝表皮剥落，老枝灰黑色。叶卵形、椭圆形或倒卵状椭圆形，长 10~15mm，两面密生微毛或上面近无毛。总花梗单生叶腋，长 10~15mm，下垂；相邻两花的萼筒几乎全部合生，萼檐呈环状；花冠黄白色，长 10~13mm，里面生柔毛，基部浅囊状，唇形，上唇具 4 裂片，开花时唇瓣开展；雄蕊 5，与有毛的花柱均稍伸出花冠之外。浆果红色，直径 5~6mm。种子淡黄褐色，光滑，矩圆形或卵状椭圆形。花期 5—6（7）月，果期 7—9 月。
生　　境：生于山地草原、山地草甸类草地等，海拔 1300~3200m。

异叶忍冬 *Lonicera heterophylla* Decne.

形态特征：落叶灌木，高 2.5m。幼枝、叶、叶柄、总花梗、苞片、小苞片、萼筒及花冠外面除多少散生微腺毛外，几无毛。冬芽 4 棱角，具 3 对外鳞片，内芽鳞幼枝伸长时增大反折。叶倒卵状椭圆形或椭圆形，长 4~7cm，边缘有糙毛；叶柄长 0.5~1.2cm。总花梗长 3~4cm，有棱角，顶端增粗；苞片线状披针形，长为萼筒的 2~3 倍。小苞片分离，卵形或卵状长圆形，长 1~2mm；双花相邻两萼筒分离，萼檐具浅齿；花冠紫红色，长约 1.5cm，外面疏生糙毛和腺，唇形，冠筒细，具深囊。花期 6—7 月，果期 7—8 月。

生　　境：生于山地草甸草原、河谷或高山草甸，海拔 2000~3300m。

灰毛忍冬 *Lonicera cinerea* Pojark.

形态特征：落叶多枝矮灌木。冬芽小，卵圆形，被柔毛和腺毛，有 3 对鳞片。叶卵状椭圆形或椭圆形，长 6~18mm，两面密被极细的浅灰色短柔毛；叶柄极短，基部相连。总花梗出自幼枝基部叶腋，长 1~2.5（4）mm；苞片通常披针形，有时卵形；萼筒无毛，萼檐极短，长 0.3~0.6mm，具浅钝齿，外面和边缘疏生糙伏毛；花冠黄色，长 14~15mm，外有密毛，内被微毛，基部以上具矩形囊状突起，上唇裂片宽卵形，下唇裂片狭椭圆形或矩圆形；雄蕊略短于花冠，花丝无毛。果实近圆形。花期 5—6 月，果期 7—8 月。

生　　境：生于山地草原、河谷或灌丛，海拔 2100~2900m。

败酱科 Valerianaceae

新疆缬草 *Valeriana fedtschenkoi* Coincy

形态特征：细弱小草本，高10~25cm。根状茎细柱状，有多数须根。基生叶1~2对，叶片质薄，近圆形，长约2cm，顶端尖或钝圆，全缘，叶柄长约为叶片2倍；茎生叶靠基部1~2对与基生叶同，中部1对叶窄裂条形，或顶裂长大，无柄。三出聚伞花序初为头状，后渐疏长，总苞片对生，条形；花萼细小内卷；花冠筒状，裂片5，长方形，长达花冠1/3；雄蕊3；花柱极细。瘦果卵状椭圆形，中央3条棱线细。花期6—7月，果期7—8月。

生　　境：生于山地草原至高山草原，海拔1400~4000m。

桔梗科 Campanulaceae

聚花风铃草 *Campanula glomerata* L.

形态特征：多年生草本，茎直立，高20（10）~80（50）cm。下部茎生叶具长柄，上部茎生叶无柄，椭圆形、长卵形或卵状披针形，边缘具尖锯齿。花数朵集成头状花序，生于茎中上部叶腋间，无总梗，亦无花梗，在茎顶端，由于节间缩短，多个头状花序集成复头状花序；花萼裂片钻形；花冠紫色、蓝色或蓝紫色，管状钟形，分裂至中部，花柱伸出于花管外部。蒴果倒卵状圆锥形。种子长矩圆状。花果期6—8月。

生　　境：生于山谷草地、草原或亚高山草甸，海拔3200~4200m。

喜马拉雅沙参 *Adenophora hymalayana* Feer.

形态特征： 多年生草本，高15~60cm。根细，近1cm。茎常数枝发自1条茎基上，不分枝，常无毛。基生叶心形或近三角状卵形；茎生叶宽线形，长3~12cm，全缘，无毛，无柄或有时茎下部的叶具短柄。单花顶生或数朵花排成假总状花序；花萼无毛，萼筒倒圆锥状或倒卵状圆锥形，裂片钻形，长0.5~1cm，全缘，稀有瘤状齿；花冠蓝色或蓝紫色，钟状，长1.7~2.2cm，裂片卵状三角形；花盘粗筒状；花柱稍伸出花冠。蒴果卵状长圆形。花期6—7月，果期8—9月。

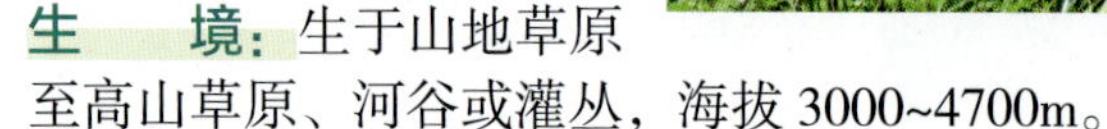

生　　境： 生于山地草原至高山草原、河谷或灌丛，海拔3000~4700m。

新疆党参 *Codonopsis clematidea* (Schrenk) C. B. Clarke.

形态特征： 多年生草本，有白色乳汁。根胡萝卜状圆柱形，长50cm。茎高100cm，幼时有短柔毛，后变无毛，下部多分枝，上部有稀疏的分枝。叶对生或互生，有细柄；叶片卵形，长1~2.8cm，宽0.8~1.5cm，两面均稍密生短柔毛。花单生茎与分枝顶端；花萼只在裂片上部有短柔毛，筒长达2mm，裂片5，狭三角形，长约1.4cm；花冠蓝色，钟状，长约2.7cm，无毛，5浅裂；雄蕊5，花药矩圆形；子房半下位，3室，柱头3裂。花期6—7月，果期8月。

生　　境： 生于山地草原、亚高山草甸、河谷或灌丛，海拔2800~4000m。

菊科 Compositae

阿尔泰狗娃花 *Heteropappus altaicus* (Willd.) Novopokr.

形态特征：多年生草本，高 20~80cm。茎直立，具条纹，被腺点和毛。叶互生，条形、矩圆状披针形、倒披针形或近匙形，两面或背面被毛，常有腺点。头状花序直径 2~3.5cm，单生于枝顶或排成伞房状；总苞片 2~3 层，草质，被毛和腺，边缘膜质；舌状花约 20 个，舌片浅蓝紫色，长 10~15mm；筒状花有 5 裂片。瘦果扁，倒卵状矩圆形；冠毛污白色或红褐色，有不等长的微糙毛。花果期 6—9 月。

生　　境：生于草原、荒漠地、沙地及干旱山地，海拔 1100~3800m。

半卧狗娃花 *Heteropappus semiprostratus* Grierson

形态特征：多年生草本。茎枝簇生，平卧或斜升，高 5~20cm，被平贴柔毛，基部分枝，有时叶腋有具密叶的不育枝。叶线形或匙形，两面被平贴柔毛或上面近无毛，散生腺体。头状花序单生枝端；总苞半球形，直径 1.3cm，总苞片 3 层，披针形，长 6~8mm，绿色，外面被毛和腺体，内层边缘宽膜质；舌状花 20~35，管部长约 2mm，舌片蓝色或浅紫色，长 1.2~1.5cm；管状花黄色，裂片 1 长 4 短；冠毛浅棕红色。瘦果倒卵圆形。花果期 6—8 月。

生　　境：生于干燥多砂石的山坡、冲积扇上、河滩砂地或荒漠草原，海拔 2600~3400m。

高山紫菀 *Aster alpinus* L.

形态特征：多年生草本，高 7~35cm。茎直立，不分枝，有密或疏毛。下部叶匙状或条状矩圆形，长 1~10cm，宽 0.4~1.5cm，顶端圆形或稍尖，全缘；上部叶渐狭小，无叶柄；全部叶有柔毛。头状花序直径 3~3.5（5）cm，在茎端单生；总苞半球形，宽 15~20mm；总苞片 2~3 层，匙状披针形或条形，近等长，顶端钝或稍尖，有密或疏柔毛；舌状花 35~40 个，紫色、蓝色或浅红色。瘦果矩圆形，有密绢毛。花果期 7—9 月。

生　　境：生于亚高山草甸、草原或山地，海拔 1100~4000m。

萎软紫菀 *Aster flaccidus* Bunge

形态特征：多年生草本，高 4~25cm。茎直立，有长毛，常杂有腺毛。基部叶及莲座状叶匙形或矩圆状匙形，长 2~7cm，宽 0.5~2cm，全缘或有少数浅齿；中部叶矩圆形或矩圆状披针形；上部叶小，条形。头状花序直径 3.5~5（7）cm；总苞宽 1.5~2（3）cm，有长毛或腺毛；总苞片 2 层，条状披针形；舌状花 40~60 个，紫色；筒状花黄色。瘦果矩圆形，有疏贴毛或杂有腺毛；冠毛白色，外层狭披针形，膜片状，内层长 6~7mm。花果期 6—9 月。

生　　境：生于亚高山草甸、山坡或石滩，海拔 2000~4500m。

岩菀 *Krylovia limoniifolia* (Less.) Schischk.

形态特征： 多年生草本，高 10~25cm，全株被弯曲短糙毛。茎多数，上部有分枝。基生叶簇生，叶片倒卵形，长 2.5~4.5cm，宽 1~2cm，顶端钝或圆形，全缘或疏钝齿，有 3 出脉；茎生叶较小，矩圆形。头状花序数个，生于花茎或分枝顶端；总苞片 3 层，边缘膜质，有睫毛，外层较短，矩圆状披针形，中、内层矩圆形；雌花舌状，舌片淡紫色；两性花筒状，花冠黄色。瘦果矩圆形，被长伏毛；冠毛白色，2 层，与花冠近等长。花果期 5—9 月。

生　　境： 生于山坡石缝、山地、河谷，海拔 1200~2700m。

灌木紫菀木 *Asterothamnus fruticosus* (C. Winkl.) Novopokr.

形态特征： 半灌木，高 20~45cm，全株被蛛丝状茸毛。茎呈帚状分枝，上部草质，灰绿色，被蛛丝状毛。叶线形，上面有时近无毛。头状花序长 0.8~1cm，在茎枝端排成疏伞房状；总苞宽倒卵形，长 6~7mm，总苞片 3 层，革质，外层和中层卵状披针形，内层长圆形，边缘白色宽膜质，先端绿色或白色，稀紫红色；舌片淡紫色；中央两性花花冠管状，檐部钟形，有 5 个披针形裂片。瘦果长圆形，被白色长伏毛；冠毛白色，糙毛状。花果期 6—9 月。

生　　境： 生于荒漠草原、戈壁，海拔 1100~3300m。

藏短星菊（西疆短星菊）*Neobrachyactis roylei* (Candolle) Brouillet

形态特征：一年生草本，高 5~30cm。全株被密具柄腺毛和多数长节毛。叶倒卵形或倒卵状长圆形，顶端钝或稍尖，基部楔状渐狭成长叶柄，边缘有疏粗锯齿。头状花序多数；总苞半球形，总苞片 2~3 层，草质，线状披针形，短于花盘的 1/3 或几与花盘等长，紫红色，边缘薄膜质，背面被密具柄腺毛和疏长节毛，外层略短于内层或几等长；雌花多数，花冠细管状，顶端斜切，上部被疏微毛；两性花花冠管状色，檐部狭漏斗状。瘦果长圆状倒披针形，被贴生短微毛；冠毛白色，2 层。花果期 7—9 月。

生　　境：生于河边或草地，海拔 1100~2800m。

飞蓬 *Erigeron acer* L.

形态特征：二年生或多年生草本，高 15~60cm。茎直立，基部叶密，莲座状，倒披针形，长 1.5~10cm，全缘，稀具小尖齿；中部和上部叶披针形，长 0.5~8cm。头状花序多数；总苞半球形，总苞片 3 层，线状披针形，绿色，稀紫色，背面被长毛，兼有腺毛，边缘膜质。外层雌花舌状，长 5~7mm，管部长 2.5~3.5mm，舌片淡红紫，稀白色；中央两性花管状，黄色，长 4~5mm，上部被疏贴微毛，檐部圆柱形。瘦果长约 1.8mm，被疏贴毛；冠毛白色，外层极短，内层长 5~6mm。瘦果长圆状披针形，黄色，长约 1.5mm，压扁。花果期 6—10 月。

生　　境：生于山坡草地或山地，海拔 1100~2400m。

假泽山飞蓬 *Erigeron pseudoseravschanicus* Botsch.

形态特征：多年生草本，高6~50cm。茎被较密长毛和腺毛，下部常被密长毛而无腺毛。叶全缘，两面被疏长毛和腺毛；基生叶莲座状，倒披针形，长2~15cm；下部茎生叶与基生叶相同；中部和上部叶披针形，长0.3~13cm。头状花序排成伞房状总状花序，直径1.3~3cm；总苞半球形，绿色或紫色，背面密被具柄腺毛和疏长节毛，内层总苞片长5~7mm；雌花二型，外层舌状，长5.8~8.5mm，舌片淡紫色，长于花盘；两性花管状，黄色。瘦果长圆状披针形；冠毛白色，外层极短，内层长4~5.3mm。花果期6—9月。

生　　境：生于亚高山草地、河滩，海拔1500~2300m。

西疆飞蓬 *Erigeron krylovii* Serg.

形态特征：多年生草本，高15~60cm。茎被疏开展的长节毛和密具柄腺毛；叶全缘，两面被疏开展的长节毛和密具柄腺毛，基部叶倒披针形，长3~13cm，宽0.4~1.4cm，中部和上部叶披针形，长0.5~10cm，宽0.7~1cm；头状花序3~6个在顶端排列成伞房状花序，总苞片3层，背面密被具柄腺毛；雌花二型，外层舌状，长7.5~10mm，鲜玫瑰色；两性花管状，黄色，长3.5~5mm，管部上部被微毛。瘦果窄长圆形，密被贴短毛；冠毛白色，2层，外层极短，内层4.3~5mm。花果期6—9月。

生　　境：生于山坡草地，海拔1700~2800m。

柄叶飞蓬 *Erigeron petiolaris* Vierh

形态特征：多年生草本，高 5~25cm。茎被密毛。基部叶花期生存，倒披针形，长 1.5~15cm，宽 0.3~1.5cm，茎叶长 0.7~7.2cm，宽 0.1~0.8cm，下部叶倒披针形，上部叶披针形。头状花序单生于茎端，总苞片 3 层，超出花盘或与花盘等长，绿色，外层较短；外围的雌花舌状，2~3 层，长 8~9mm，上部被疏短毛，舌片粉紫色，极少有白色，干时常内卷成管状；中央的两性花管状，黄色，管部细，长约 1.5mm；花药和花柱分枝不伸出花冠。瘦果窄长圆形；冠毛白色，外层极短，内层长约 4mm。花果期 6—9 月。

生　　境：生于高山或亚高山草地，海拔 2800~3400m。

花花柴 *Karelinia caspia* (Pall.) Less.

形态特征：多年生草本，高 40~80（120）cm。茎粗壮，直立，圆柱形，多分枝。叶卵形、矩圆状卵形或矩圆形，顶端钝或圆形；基部有圆形或戟形小耳，抱茎。头状花序长 13~15mm；总苞片约 5 层，覆瓦状排列，内层较外层长 3~4 倍，质厚，被短毡毛；花托平，有托毛；花黄色或紫红色，雌花花冠丝状，两性花花冠细筒状，有短裂片；冠毛白色，雌花冠毛 1 层，两性花冠毛多层，上端较粗厚。瘦果圆柱形，无毛。花果期 7—9 月。

生　　境：生于荒漠地带的盐碱草甸、盐渍化低地或戈壁滩地，海拔 1100~1200m。

蝶须 *Antennaria dioica* (L.) Gaertn.

形态特征：多年生草本，高 6~15cm。花茎被密绵毛。叶在茎基部密生成莲座状，匙形，上部叶条状矩圆形至披针状条形，全缘，被密绵毛。头状花序 3~5 个，排成多少密集伞房状；雌雄异株；雌株头状花序直径 8~10mm，总苞片约 5 层，内层比外层长 2~3 倍，白色或红色；冠毛纤细而长；雌花花冠丝状；雄株头状花序直径约 7mm；总苞片 3 层，内外层几等长，白色或红色；两性花花冠筒状；冠毛短而上端棒槌状。花果期 5—8 月。

生　　境：生于高山、亚高山地带的向阳草地、干燥坡地及砂砾地，海拔 2200~4300m。

矮火绒草 *Leontopodium nanum* (Hook. f. & Thoms.) Hand. -Mazz.

形态特征：多年生草本，垫状丛生。无花茎或花茎高达 18cm，被白色绵状厚茸毛。基部叶匙形或线状匙形，长 0.7~2.5cm，两面被白色或正面被灰白色长柔毛状密茸毛。苞叶少数，直立，与花序等长，不形成星状苞叶群。头状花序径 0.6~1.3cm，单生或 3 个密集；总苞长 4~5.5mm，被灰白色绵毛，总苞片 4~5 层，披针形，深褐或褐色，超出毛茸。小花异形，通常雌雄异株：花冠长 4~6mm，雄花花冠窄漏斗状，有小裂片，雌花花冠细丝状：冠毛亮白色。花期 5—6 月，果期 5—7 月。

生　　境：生长在高山的湿润草地，砾石山坡，海拔 3100~4300m。

弱小火绒草 *Leontopodium pusillum* (Beauv.) Hand. -Mazz.

形态特征：多年生草本。花茎高 2~7（13）cm，被白色密茸毛。叶匙形或线状匙形，下部叶和莲座状叶长达 3cm，茎中部叶长 1~2cm，两面被白色或银白色密茸毛，常褶合。苞叶多数，匙形或线状匙形，开展成直径 1.5~2.5cm 的苞叶群，较花序长或稍长，两面密被白色茸毛。头状花序直径 5~6mm，3（1）~7 密集；总苞长 3~4mm，被白色长柔毛状茸毛，总苞片约 3 层，先端无毛，超出毛茸。小花异形或雌雄异株；花冠长 2.5~3mm，雄花花冠上部窄漏斗状，雌花花冠丝状；冠毛白色。花果期 7—8 月。

生　　境：生于高山雪线附近草滩地、盐湖岸或砾石地，海拔 3000~4100m。

山野火绒草 *Leontopodium campestre* (Ledeb.) Hand.-Mazz

形态特征：多年生草本。花茎高 5~35cm，被灰白色或白色蛛丝状茸毛。茎基部叶下部渐窄成细长柄；茎下部以上叶舌状或线状披针形，长 2~9（15）cm，两面被毛。苞叶多数，线形或披针状线形，长 0.8~2.3cm，宽 2~3mm，密被白色或灰白色茸毛，稀或成复或分散的苞叶群。头状花序直径 5~7mm；总苞长 3.5~4mm，被长柔毛或茸毛，总苞片约 3 层，通常黑色，超出毛茸。小花异形，中央雄花少数：花冠长 3~3.5mm，雄花花冠漏斗状管状，雌花花冠粗丝状；冠毛白色，较花冠稍长。花果期 7—9 月。

生　　境：生于干旱草原、干旱坡地、河谷阶地、沙地或砾石地，海拔 1400~4600m。

黄白火绒草 *Leontopodium ochroleucum* Beauv.

形态特征：多年生草本。茎高 5~18cm，被白色或上部被带黄色长柔毛或茸毛。莲座状与茎部叶同形；中部叶匙形或线状披针形；叶两面被灰白稀稍绿色长柔毛，有时毛絮状而部分脱毛，有时上部叶被较密黄或白柔毛。苞叶较少，两面密被浅黄色柔毛或茸毛，形成直径 1.5~2.5cm 密集苞叶群。头状花序少数至 15 个密集；总苞长 4~5mm，被长柔毛，总苞片约 3 层，褐色或深褐色。小花异型，有时在外的头状花序雌性；花冠长 3~4mm；冠毛基部黄色或稍褐色。花期 7—8 月，果期 8—9 月。

生　　境：生于高山或亚高山草丛、沙地、砾石地，海拔 1400~4570m。

火绒草 *Leontopodium leontopodioides* (Willd) Beauv.

形态特征：多年生草本，高 10~40cm。茎被长柔毛或绢状毛。叶直立，条形或条状披针形，长 2~4.5cm，宽 0.2~0.5cm，正面灰绿色，被柔毛，背面被白色或灰白色密绵毛。苞叶少数，矩圆形或条形，两面或下面被白色或灰白色厚茸毛，多少开展成苞叶群或不排列成苞叶群。头状花序大，直径 7~10mm，3~7 个密集，稀 1 个或较多，或有总花梗而排列成伞房状；总苞半球形，长 4~6mm，被白色绵毛；冠毛基部稍黄色。花果期 7—10 月。

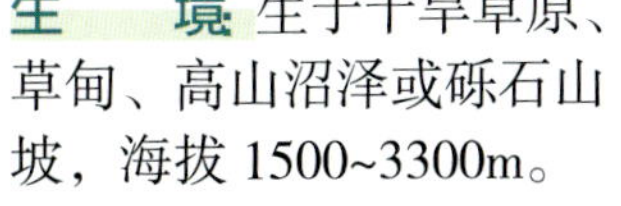

生　　境生于干旱草原、草甸、高山沼泽或砾石山坡，海拔 1500~3300m。

蓼子朴 *Inula salsoloides* (Turcz.) Ostenf.

形态特征：半灌木，高 30~45cm。茎直立，基部有密集的分枝，成帚状。叶披针状或矩圆状条形，长 5~10mm，宽 1~3mm，全缘，基部较宽，心形或有小耳，半抱茎，正面无毛，背面有腺点及短毛。头状花序直径 1~1.5cm，单生于枝端；总苞片 4~5 层，外层渐小，黄绿色，干膜质，有睫毛；舌状花淡黄色，顶端有 3 小齿；筒状花与冠毛等长或长于冠毛。瘦果多数细沟，被腺点和疏粗毛，上端有较长的毛；冠毛白色。花果期 5—8 月。

生　　境：生于固定沙丘、农田边或河岸边，海拔 1100~2000m。

里海旋覆花 *Inula caspica* Blume

形态特征：二年生草本，高 30~60cm。幼茎被白色长绵毛，基部叶被长毛和基部疣状糙毛或近无毛。叶披针形，基部心形，有半抱茎小耳，上面近无毛，下面或近边缘被基部疣状糙毛。头状花序直径 2~3（4）cm；总苞片 3~4 层，外层线状披针形，长 3~7mm，内层长 0.7~1cm，线状披针形，边缘常红紫色，有疣毛。舌状花黄色，舌片长圆状线形；管状花花冠有三角形裂片；冠毛白色，有 20~25 细糙毛，与管状花花冠近等长。瘦果近圆柱形，被长伏毛。花果期 7—9 月。

生　　境：生于盐化草甸、洼地或干旱荒地，海拔 1100~1800m。

欧亚旋覆花 *Inula britanica* L.

形态特征：多年生草本，高20~70cm。茎直立，被长柔毛。叶矩椭圆状披针形，基部宽大，心形或有耳，半抱茎；正面无毛或被疏伏毛，背面被密伏柔毛，有腺点。头状花序1~8个，生茎或枝端，直径2.5~5cm；总花梗长1~4cm，被密长柔毛；总苞片4~5层，条状披针形；舌状花黄色，舌片条形；筒状花有5个三角状披针形裂片。瘦果圆柱形，有浅沟；冠毛白色，与筒状花约等长，有20~25条微糙毛。花果期7—9月。

生　　境：生长在草原带、荒漠草原带的河流沿岸、湿润草地或田埂路旁，海拔1100~1500m。

苍耳 *Xanthium sibiricum* Patrin. ex Widder

形态特征：一年生草本，高20~90cm。茎直立，被灰白色糙伏毛。叶三角状卵形或心形，长4~9cm，宽5~10cm，基出3脉，两面被贴生的糙伏毛；叶柄长3~11cm。雄头状花序球形，密生柔毛；雌头状花序椭圆形，内层总苞片结成囊状。成熟的具瘦果的总苞变坚硬，绿色、淡黄色或红褐色，外面疏生具钩的总苞刺，苞刺长1~1.5mm，喙长1.5~2.5mm；瘦果2，倒卵形。花果期7—8月。

生　　境：生长于平原、丘陵、低山的荒野、路边或农田，海拔1100~1300m。

狼耙草 *Bidens tripartita* L.

形态特征：一年生草本，高 30~80cm。茎直立，稍四棱状或圆柱状。叶对生，无毛，叶柄有狭翅；中部叶通常羽状 3~5 裂，顶端裂片较大，椭圆形或矩椭圆状披针形，边缘有锯齿；上部叶 3 深裂或不裂。头状花序顶生或腋生，直径 1~3cm；总苞片多数，外层倒披针形，叶状，长 1~4cm，有睫毛；花黄色，全为两性筒状花。瘦果扁平，两侧边缘各有 1 列倒钩刺；冠毛芒状，2 枚，少有 3~4 枚，具倒钩刺。花果期 7—10 月。

生　　境：生于绿洲的水边、路边荒野及水边湿地，海拔 1100~1700m。

灰叶匹菊 *Pyrethrum pyrethroides* (Kar. & Kir.) B. Fedtsch. ex Krasch.

形态特征：多年生草本，高 10~40cm。茎簇生，植株灰白色。基生叶长椭圆形，长 1.5~7cm，二回羽状分裂，一回侧裂片 3~8 对，二回羽状或掌式羽状分裂，末回裂片长 1mm；茎生叶少数，较小，无柄；叶两面密被膨松弯曲长单毛。头状花序单生茎顶，稀茎生；总苞直径 1~1.4cm，总苞片约 4 层，边缘黑褐色膜质。舌状花白色或淡红色，舌片椭圆形或长椭圆形。瘦果有 5~9 条椭圆形纵肋；冠状冠毛长约 1mm，分裂至基部。花果期 7—9 月。

生　　境：生于高山草甸、山坡砾石处及河滩，海拔 1600~4100m。

火绒匹菊 *Pyrethrum leontopodium* Winkl.

形态特征：多年生草本，高 13~20cm。茎密被白色绵毛，乳白色。基生叶与茎下部叶轮廓为椭圆形，长 1.5~3cm，二回羽状分裂，第一回裂片 5~7 对，第二回裂片 1~3 对；中上部茎生叶与下部茎生叶同形，较小；全部叶密被白色的绵毛，呈乳白色。头状花序单生茎顶，总苞半球形，直径 1cm，总苞片 4 层；全部苞片叶质，边缘棕色膜质；边缘舌状花雌性，倒卵圆形；中央筒状花两性，黄色，长约 3mm。瘦果棕色，有 3 条明显的中肋；冠毛长约 0.7mm，全裂，边缘锯齿状。花果期 7—8 月。

生　　境：生于山地草原，海拔 2800~3600m。

美丽匹菊 *Pyrethrum pulchrum* Ledeb.

形态特征：多年生草本，高 15~35cm。茎被疏蛛丝状长毛。基生叶长 10~15cm，宽 1.5~2cm；基生叶条形或条状矩圆形，二回羽状全裂，末级羽片宽达 1mm；茎生叶小，无叶柄；全部叶被蛛丝状毛。头状花序单生茎顶，异形；总苞直径 1~3cm，被蛛丝密毛，边缘宽，黑褐色；花托半球形，突起；舌状花白色或黄白色，雌性；盘花两性。瘦果有 5~8 条纵肋；边花的冠状冠毛深裂。花果期 7—8 月。

生　　境：生于高山草甸或山坡，海拔 2850~4020m。

扁芒菊 *Allardia tridactylites* (Kar. & Kir.) Sch. Bip.

形态特征： 多年生草本，高约 6cm。茎多数，缩短，有密集的莲座状叶丛。植株全体无毛。叶匙形，浅裂或深裂。头状花序单生茎端，直径 2.5~3.5cm；总苞半球形，3~4 层，外层具宽的黑褐色膜质边缘。舌状花 8~15 个，中性；舌片粉红色或紫红色，椭圆状矩圆形，长约 8mm，宽 3~4mm，具 5 脉，顶端 2~3 小齿，管部长 3~4mm。管状花两性，多数，黄色，有腺点，上部带紫色。瘦果长 2.5mm，具 5 条明显突起的纵肋，有黄色腺点。冠毛长约 6.5mm，带褐色。花果期 7—8 月。

生　　境： 生于高山碎石坡石缝中或高山草甸，海拔 4700~5500m。

灌木小甘菊 *Cancrinia maximowiczii* Winkl.

形态特征： 半灌木，高 40~50cm。上部小叶细长帚状，被白色茸毛和褐色腺点。叶长圆状线形，长 1.5~3cm，羽状深裂，裂片 2~5 对；最上部叶线形，全缘或有齿；叶正面均疏被毛，背面被白色茸毛，两面有褐色腺点。头状花序 2~5 排成伞房状；总苞钟状或宽钟状，直径 5~7mm，总苞片 3~4 层，外层卵状三角形或长圆状卵形，有淡褐色窄膜质边缘，内层长圆状倒卵形，边缘膜质。花冠黄色，有棕色腺点。瘦果有纵肋和腺体；冠毛膜片状，5 裂达基部。花果期 7—10 月。

生　　境： 生于荒漠草原、高山草甸的山坡砾石地上，海拔 2800~4000m。

单头亚菊 *Ajania scharnhorstii* (Regel & Schmalh.) Tzvel.

形态特征：小半灌木，高 4~10cm。茎灰白色，密被贴伏柔毛。叶半圆形、扇形或扁圆形，长 3~5mm，宽 5~6mm，二回掌状或近掌状分裂，一回或二回全裂，或 3~5 掌裂，一回侧裂片出，二回二至三出，小裂片卵形或椭圆形，叶两面灰白色。头状花序单生枝端；总苞宽钟状，直径 0.7~1cm，总苞片 4 层，边缘黄褐色或青灰色宽膜质，外层卵形，长 3mm，中内层宽椭圆形或倒披针形，长 3~5mm，中外层疏被毛。边缘雌花细管状。花果期 7—10 月。

生　　境：生于草原带山地或山地灌丛，海拔 3500~5100m。

西藏亚菊 *Ajania tibetica* (Hook. f. & Thoms. ex C. B. Clarke) Tzvel

形态特征：小半灌木，高 4~10（20）cm。叶圆形椭圆形，长 1~2cm，宽 0.7~1.5cm，二回羽状分裂，一回为全裂或几全裂，一回侧裂片 2 对；二回为浅裂或深裂，二回裂片 2~4 个，通常在集中在一回裂片的顶端。全部叶两面同色，灰白色，被稠密短茸毛。头状花序少数在枝端排成直径 1~2cm 的伞房花序。总苞钟状，直径 4~6mm。总苞片 4 层，外层三角状卵形或披针形，长 3mm，中内层椭圆形或披针状椭圆形，长 4~5mm。苞片边缘棕褐色膜质，中外层被稀疏短绢毛。边缘雌花细管状，约 3 个。花果期 8—10 月。

生　　境：生于山坡砾石滩，海拔 3900~5200m。

矮亚菊 *Ajania trilobata* Poljak.

形态特征：多年生草本或小半灌木，高 5~13cm。茎灰白色，被密的贴伏状短柔毛。叶半圆形或扇形，长 5~10mm，宽 5~6mm，二回掌式羽状或近掌状分裂，一回侧裂片三至七出，二回二至三出，均为全裂，末回裂片卵形或椭圆形，叶灰白色，被稠密的短柔毛，具柄，柄长 1~2mm。头状花序在枝顶端排列成伞房状，总苞钟状，直径 5~8mm；总苞片 4 层，中外层被稀疏短毛，全部苞片边缘黄褐色，宽，膜质；边缘雌花花筒细筒状。花果期 7—8 月。

生　　境：生于高山河谷石缝中，海拔 2800~4800m。

新疆亚菊 *Ajania fastigiata* (C. Winkl.) Poljak.

形态特征：多年生草本，高 30~90cm。茎枝被短柔毛。茎中部叶宽三角状卵形，长 3~4cm，二回羽状全裂，一回侧裂片 2~3 对，小裂片长椭圆形或倒披针形，宽 1~2mm；花序下部叶羽状分裂；叶两面灰白色，密被贴伏柔毛，叶柄长 1cm。总苞钟状，直径 2.5~4mm，总苞片 4 层，麦秆黄色，边缘膜质，白色，先端钝，外层线形，长 2.5~3.5mm，基部被微毛，中内层椭圆形或倒披针形，长 3~4mm。边缘雌花花冠细管状，冠檐 3 齿裂。花果期 7—10 月。

生　　境：生于荒漠草原带的石质山坡，海拔 1100~3900m。

灌木亚菊 *Ajania fruticulosa* (Ledeb.) Poljak.

形态特征： 小半灌木，高8~40cm。茎中部叶圆形、扁圆形、三角状卵形、肾形或宽卵形，长0.5~3cm，二回掌状或掌式羽状3~5裂，一或二回全裂；一回侧裂片1对或不明显2对，常3出；中上部和中下部的叶掌状3~4全裂或掌状5裂，或茎叶3裂，叶两面均灰白或淡绿色，被贴伏柔毛。总苞钟状，直径3~4mm，总苞片4层，边缘白色或带浅褐色膜质，外层卵形或披针形，被柔毛，麦秆黄色，中内层椭圆形，长2~3mm。边缘雌花细管状。花果期8—10月。

生　　境： 生于荒漠及荒漠草原带，海拔1100~3200m。

策勒亚菊 *Ajania qiraica* Z. X. An ex Dilxat

形态特征： 小半灌木，高约25cm，全株被贴伏的短柔毛，呈灰白色。中部叶为半圆形或圆形，长7~12mm，宽10~14mm，二回掌式羽状3裂，一回或二回均全裂，末回裂片长圆形或条形，宽约1mm；上部叶较小，通常羽状3裂或不裂而为条形；叶两面异色，正面绿色，背面白色或灰白色，被稠密顺向贴伏的短柔毛。头状花序在茎顶排列成聚伞复伞房状；总苞直径4~7mm，总苞片约4层，苞片边缘白色或淡黄色宽膜质；边缘雌花约11枚，花冠筒状，长1~1.5mm；中央两性花多数，筒状，长2~3mm；两种花花冠均为黄色。花果期8—9月。

生　　境： 生于荒漠及荒漠草原，海拔1100~3200m。

大花蒿 *Artemisia macrocephala* Jacq. ex Bess.

形态特征：一年生草本，高 15~20cm。茎不分枝或少分枝，被微柔毛。基部叶丛生，长达 4cm，宽约 1cm，两次羽状分裂，裂片条形，两面被密短毛；茎生叶较短，基部有假托叶；上部叶 3 裂或不裂而呈苞叶状。头状花序单生于叶腋及枝端呈疏散的总状花序，下垂；总苞半球形，直径 5~7mm；总苞片多层，被白色密茸毛，外层条形，边缘狭膜质，内层卵形，边缘宽膜质；花黄色，有短毛，外层雌性，内层两性。瘦果长 1mm。花果期 8—10 月。

生　　境：生于草原、荒漠化草原及河谷、洪积扇、河湖岸边、砂砾地、草坡或路边等地，海拔 1100~4300m。

大籽蒿 *Artemisia sieversiana* Ehrhart.ex Willd.

形态特征：一年生或二年生草本，高 50~150cm。茎单生或从基部分枝。下部及中部叶宽卵形，长 4~10cm，宽 3~8cm，二至三回羽状深裂，裂片宽或狭条形，背面被较密的微柔毛，正面被较疏的微柔毛；上部叶浅裂或不裂，条形。头状花序多数，下垂，排列成复总状花序；总苞半球形，直径 4~6mm；总苞片 4~5 层，外层矩圆形，内层倒卵形，干膜质；花序托有白色托毛；花黄色，外层雌性，内层两性。瘦果长 1~1.2mm，无冠毛。花果期 8—10 月。

生　　境：生于荒漠草原、草原、戈壁、河谷及路边，海拔 1100~3000m。

冷蒿 *Artemisia frigida* Willd.

形态特征：多年生草本，高 15~45cm。茎基部少分枝，被短茸毛。叶二至三回羽状全裂，长 1（2）cm，宽达 1cm，下部裂片常 2~3 裂，顶部裂片又常羽状或掌状全裂，小裂片又常 3~5 裂，裂片多少条形；上部叶小，3~5 裂。头状花序较少数，排列成狭长的总状或复总状花序；总苞球形，直径 2.5~3mm，花黄色，或有时直径 3~3.5mm，花深紫色或黄色；总苞片约 3 层，卵形，被茸毛，边缘膜质；花序托有白色托毛；花筒状，内层两性，外层雌性。瘦果矩圆形，长近 1mm，无毛。花果期 7—10 月。
生　　境：生于荒漠草原及干旱山坡、路旁、砾质旷地、固定沙丘、戈壁，海拔 1100~2500m。

岩蒿 *Artemisia rupestris* L.

形态特征：多年生草本，高 20~50cm。茎褐色或红褐色，上部密被灰白色柔毛，不分枝。叶初两面被灰白色柔毛，后无毛；叶卵状椭圆形或长圆形，长 1.5~3（5）cm，二回羽状全裂，每侧裂片 5~7，上半部裂片常羽状全裂或三出全裂，基部小裂片半抱茎，小裂片短小，栉齿状线状披针形或线形，长 1~6mm；上部叶与苞片叶羽状全裂或 3 全裂。头状花序半球形或近球形，直径 4~7mm，排成穗状花序或近总状花序，头状花序排成穗状圆锥花序；总苞片背面有柔毛，边缘膜质、撕裂状；雌花 8~16；两性花 5~6 层，30~70。花果期 7—10 月。
生　　境：生于干旱山坡、半荒漠草原、草甸、平原或河谷地带灌丛，海拔 2000~4000m。

内蒙古旱蒿 *Artemisia xerophytica* Krasch.

形态特征：小灌木，高 30~40cm。茎多数，丛生，基部常扭曲，棕黄色或褐黄色，初密被茸毛。叶半肉质，两面被灰白色或灰黄色、稍绢质柔毛；基生叶与茎下部叶二回羽状全裂；中部叶窄卵形或近圆形，长 1~1.5cm，二回羽状全裂，每侧裂片 2~3，常 3~5 全裂，小裂片窄匙形、倒披针形或线状倒披针形，长 1~3mm，叶柄长 3~5mm；上部叶与苞片叶羽状全裂或 3~5 全裂。头状花序近球形，直径 3.5~4.5mm，在分枝上排列成疏散开展的总状花序或为穗状式的总状花序，在茎上组成中等开展圆锥花序；总苞片背面被灰黄色柔毛。花果期 8—10 月。

生　　境：生于戈壁、半荒漠草原或半固定沙丘，海拔 1300~2700m。

香叶蒿 *Artemisia rutifolia* Steph. ex Spreng

形态特征：半灌木状草本，高 25~80cm。茎多数，成丛，木质，褐栗色。叶两面被灰白色平贴丝状柔毛，茎下部与中部叶近半圆形或肾形，二回羽状全裂或二回近掌状式三出全裂，每侧裂片 1~2，小裂片长椭圆状倒披针形或椭圆状披针形，长 0.6~1.2cm；上部叶与苞片叶近掌状式羽状全裂，3 全裂或不裂。头状花序半球形或近球形，直径 3~4（4.5）mm，在茎上半部排成总状花序或部分间有复总状花序，花序托具脱落性秕糠状或鳞片状托毛：总苞片背面被白色丝状柔毛；雌花 4~10；两性花 10~20。花果期 8—10 月。

生　　境：生于戈壁、半荒漠草原及半固定沙丘上，海拔 1300~2700m。

垫型蒿 *Artemisia minor* Jacq. ex Bess.

形态特征： 垫状半灌木状草本，高 10~15cm。茎、枝、叶两面及总苞片背面密被灰白或淡灰黄色平贴丝状绵毛。茎下部与中部叶近圆形、扇形或肾形，长 0.6~1.2cm，二回羽状全裂，每侧裂片 2（3），每裂片 3~5 全裂，小裂片披针形或长椭圆状披针形，长 1~2mm，叶柄长 4~8mm；上部叶与苞片叶小，羽状全裂或深裂、3 全裂或不裂。头状花序半球形或近球形，直径 0.5（0.3）~1cm，有短梗或近无梗，排成穗状总状花序；花序托半球形，密生白色托毛；雌花 10~18；两性花 50~80。花果期 7—10 月。

生　　境： 生于山坡、山谷、砾石坡地或砾质草地，海拔 3000~5400m。

白莲蒿 *Artemisia stechmanniana* Bess.

形态特征： 半灌木状草本。茎多数，高 50~100（150）cm。茎下部与中部叶长卵形、三角状卵形或长椭圆状卵形，长 2~10cm，宽 2~8cm，二至三回栉齿状羽状分裂，第一回全裂，每侧有裂片 3~5 枚，裂片椭圆形或长椭圆形，每裂片再次羽状全裂；上部叶略小，一至二回栉齿状羽状分裂。头状花序近球形，下垂，直径 2~3.5（4）mm，在分枝上排成穗状花序式的总状花序；总苞片 3~4 层，外层总苞片披针形或长椭圆形，边缘膜质，中、内层总苞片椭圆形，近膜质或膜质，背面无毛；雌花 10~12 朵；两性花 20~40 朵。瘦果狭圆锥形。花果期 8—10 月。

生　　境： 生于山坡、路旁或灌丛，海拔 1100~1500m。

细裂叶莲蒿（万年蒿）*Artemisia gmelinii* Web.ex Stechm.

形态特征：半灌木状草本，高 10~40（80）cm。茎直立，多分枝，粗壮，下部直径有时达 1cm；幼枝初被蛛丝状毛，后近无毛。下部叶在花期枯萎；中部叶长 4~7cm，宽 3~5cm，卵形或矩圆形，二回羽状深裂，裂片矩圆形，裂片具齿或羽状深裂，羽轴两面被蛛丝状花，后下面近无毛而有腺点；叶柄长，有假托叶；上部叶小，羽状浅裂或有齿。头状花序极多数，在茎和枝端排列成复总状花序，有短梗及条形苞叶；总苞近球形，直径约 3mm；总苞片 3 层，卵形，背面绿色，边缘宽膜质，近无毛；花筒状，外层雌性，内层两性。瘦果长圆形，长达 1.5mm，无毛。花果期 8—10 月。

生　　境：生于山坡、草原、草甸、灌丛、砾质阶地或滩地，海拔 1500~4000m。

臭蒿 *Artemisia hedinii* Ostenf. & Pauls.

形态特征：一年生草本，高 15~60cm。茎直立，无毛或被微柔毛。叶互生，下部叶长 6~12cm，宽 2~4cm，二次羽状深裂，裂片矩圆形；上部叶渐小，一次羽状深裂，正面无毛，背面被微腺毛。头状花序半球状，直径 3~4mm，数个头状花序密集于腋生梗上成短或长的总状或复总状；总苞片 2~3 层，宽椭圆形，背面无毛或有腺毛，边缘宽膜质，深褐色或黑色；花序托球形；花筒状，外层雌性，内层两性。花果期 7—10 月。

生　　境：生于草地、河滩、砾质坡地、田边或路旁，海拔 1200~2000m。

湿地蒿 *Artemisia tournefortiana* Reichb.

形态特征：一年生草本，高40~100cm。茎单生，无毛。叶互生，下部叶长5~15cm，宽2~7cm，有长柄，叶片矩圆形，羽状全裂，侧裂片及叶轴又羽状深裂，裂片尖有细锯齿，两面无毛；上部叶小，羽状浅裂或有齿。头状花序极多数，球形，有短梗或无梗，在上部叶腋排列成狭长复总状或聚伞圆锥状花序；总苞直径1.5~2mm；总苞片2或3层，近圆形，边缘宽膜质，背面绿色，无毛；花序托极小；花筒状，黄绿色，外层雌性，内层两性。瘦果长椭圆形。花果期8—11月。

生　　境：生于山坡、农田、河谷或荒地，海拔1100~3000m。

北艾 *Artemisia vulgaris* L.

形态特征：多年生草本，高50~100cm。茎少数或单生，多少分枝；茎、枝微被柔毛，叶正面初疏被蛛丝状薄毛，背面密被灰白色蛛丝状茸毛；茎下部叶椭圆形或长圆形，二回羽状深裂或全裂，具短柄；中部叶椭圆形、椭圆状卵形或长卵形，长3~10（15）cm，一至二回羽状深裂或全裂，每侧裂片4（3）~5，小裂片椭圆状披针形或线状披针形，长3~5cm，边缘常有1至数枚裂齿，中轴具窄翅，基部裂片假托叶状，半抱茎，无叶柄；上部叶羽状深裂，裂片披针形或线状披针形；苞片叶3深裂或不裂。头状花序长圆形，长2.5~3.5mm，基部有小苞片，在小枝上排成密穗状花序，在茎上组成圆锥花序；总苞片背面密被蛛丝状柔毛；雌花7~10，紫色；两性花8~20，花冠檐部紫红色。瘦果倒卵圆形或卵圆形。花果期7—10月。

生　　境：生于草原、谷地、荒坡及路旁，海拔1100~2400m。

白叶蒿 *Artemisia leucophylla* (Turcz.ex Bess.) Clarke

形态特征：多年生草本，高 30~60cm。茎有纵棱，茎叶被蛛丝状茸毛，兼疏生白色腺点；茎下部叶椭圆形或长卵形，一至二回羽状深裂或全裂，每侧裂片 3（4），裂片宽菱形、椭圆形或长圆形，羽状分裂，每侧具 1~3 小裂片或浅裂齿；中部与上部叶羽状全裂，每侧具裂片 2~3（4），裂片线状披针形、线形、椭圆状披针形或披针形；苞片叶 3~5 全裂或不裂。头状花序宽卵圆形，直径 2.5~3.5（4）mm，排成穗状花序，在茎上半部组成稍密集窄圆锥花序；总苞片背面绿色或带紫红色；雌花 5~8；两性花 6~13，檐部及花冠上部红褐色。瘦果倒卵圆形。花果期 7—10 月。

生　　境：生于山坡、草地、河谷、路边、河湖岸边或砾质坡，海拔 1100~3400m。

龙蒿 *Artemisia dracunculus* L.

形态特征：半灌木状草本，高 40~100cm。茎成丛，多分枝；茎、枝初微被柔毛。叶无柄，初两面微被柔毛，中部叶线状披针形或线形，长 3（1.5）~7（10）cm，全缘；上部叶与苞片叶线形或线状披针形，长 0.5~3cm，宽 1~2mm。头状花序近球形，径 2~2.5mm，基部有线形小苞叶，排成复总状花序，在茎上组成开展或稍窄的圆锥花序；总苞片无毛；雌花 6~10；两性花 8~14。瘦果倒卵形或椭圆状倒卵形，花果期 7—10 月。

生　　境：生于干山坡、草原、半荒漠草原或亚高山草甸，海拔 1100~4500m。

猪毛蒿 *Artemisia scoparia* Waldst. & Kit.

形态特征：多年生草本或近一年生、二年生草本，高 40~80cm。茎直立，自下部开始分枝，被灰色略带绢质柔毛。叶密集；下部叶与不育茎的叶同形，有长柄，叶片矩圆形，长 1.5~3.5cm，二或三回羽状全裂，裂片狭长或细条形，常被密绢毛或上面无毛，顶端尖；中部叶长 1~2cm，一或二回羽状全裂，裂片极细，无毛；上部叶 3 裂或不裂。头状花序无梗，有线形苞叶，在茎及侧枝上排列成复总状花序；总苞近球形，直径 1~1.2mm；总苞片 3~4 层，卵形，边缘宽膜质，背面绿色，近无毛；雌花 5~7 朵，花冠狭筒状，黄色，檐部具 2 齿裂；两性花 4~6 朵，不育，花冠筒状，黄色。瘦果长圆形。花果期 7—9 月。
生　　境：生于山坡、河滩、路旁、草原、荒地及灌丛，海拔 1100~2500m。

伊犁绢蒿 *Seriphidium transiliense* (Poljak.) Poljak.

形态特征：半灌木状草本，高 25~80cm。茎、枝叶两面被灰绿色蛛丝状柔毛；茎下部与营养枝叶长圆形，长 3.5~6cm，二或三回羽状全裂，每侧裂片 4~5（6），裂片羽状全裂，小裂片窄线形或窄线状披针形，长 4~8mm，先端具硬尖头，叶柄长 2~3.5cm；中部叶一至二回羽状全裂，小裂片宽 0.5~1mm，叶柄长 0.5~1.5cm，基部有小型羽状全裂假托叶；上部叶羽状全裂；苞片叶不裂，线形。头状花序直径 1~2mm，有短梗；总苞片密被白色柔毛；花冠黄色或檐部红色。瘦果小，倒卵形。花果期 6—10 月。
生　　境：生于荒漠草原、草地、河滩、河谷、砾质戈壁或山间平原，海拔 1100~3200m。

西北绢蒿 *Seriphidium nitrosum* (Web. ex Stechm.) Poljak

形态特征： 多年生草本或近半灌木状，高 40~50cm。茎上部分枝；茎、枝被灰绿色蛛丝状柔毛。叶两面初被蛛丝状柔毛；茎下部叶长卵形或椭圆状披针形，长 3~4cm，二回羽状全裂，每侧裂片 4~5，羽状全裂，小裂片窄线形，长 3~5mm，叶柄长 3~7mm；中部叶一或二回羽状全裂；上部叶羽状全裂；苞片叶不裂，窄线形，稀羽状全裂。头状花序长圆形或长卵圆形，直径 1.5~2mm，基部有小苞叶，排成穗状花序，在茎组成窄长或稍开展圆锥花序；总苞片初密生灰白色蛛丝状柔毛。花果期 6—10 月。

生　　境： 生于荒漠化和半荒漠化草原、戈壁、砾质坡地、路旁，海拔 1100~1500m。

博乐绢蒿 *Seriphidium borotalense* (Poljak.) Ling & Y. R. Ling

形态特征： 多年生草本，高 10~20cm。茎、枝被灰白色蛛丝状茸毛。叶两面密被灰白色蛛丝状茸毛；茎下部叶与营养枝叶椭圆形，长 1~2（3）cm，宽 0.8~1.5（2）cm，二回羽状全裂，每侧有裂片 4（3）~5 枚，小裂片狭线形，长 1.5~3mm，宽 0.5~1mm，先端钝尖，叶柄长 0.5~0.8cm；中部叶羽状全裂，无柄；上部叶与苞片叶不分裂，狭线形。头状花序长卵形，无梗，直径 1.5~2mm；总苞片 4~5 层，背面有腺点，外层总苞片小，背面密被灰白色蛛丝状柔毛，中、内层总苞片背面近无毛；两性花 5~7 朵，花冠管状，黄色，檐部 5 齿裂。瘦果小，倒卵形。花果期 8—10 月。

生　　境： 生于荒漠、半荒漠草原、戈壁、砾质山坡，海拔 1100~1500m。

高山绢蒿 *Seriphidium rhodanthum* (Rupr.) Poljak

形态特征：多年生草本，高 4~15（20）cm。茎直立，不分枝，茎枝密被白色茸毛。叶小，两面密被灰白色茸毛；茎下部叶与营养枝叶近圆形或宽卵形，二至三回羽状全裂；中部叶具短柄或近无叶柄，二回羽状全裂，基部常有小型羽状或掌状分裂的假托叶；上部叶羽状全裂。头状花序直径 1.5~2（2.5）mm；总苞片 4~5 层，外层总苞片短小，外、中层总苞片背面密被灰白色蛛丝状茸毛，边膜质，内层总苞片半膜质，背面近无毛；两性花花冠管状，檐部红色。瘦果小，卵形。花果期 8—10 月。
生　　境：生于高山、高寒草原、荒漠草原、冲积扇及河谷地带，海拔 1100~4500m。

卷舌千里光（细梗千里光）*Senecio krascheninnikovii* Schischk.

形态特征：一年生草本，高 10~40cm。茎直立单一，全株疏被柔毛或近无毛。叶卵状长圆形，长 1.5~5cm，羽状浅裂或羽状全裂；侧裂片 2~4 对，线形，边缘具不规则细齿或全缘，基部稍扩大半抱茎；上部叶羽裂至线形，近全缘，无柄。头状花序，花序梗有白色柔毛，具 2~4 线状钻形小苞片；总苞窄钟状，长 5~7mm，外层苞片 4~5，钻形，总苞片 13~15，线状披针形，渐尖或尖，背面无毛。舌状花 4~7，舌片黄色，极短，长圆形，长 2~2.5mm；管状花多数，花冠黄色，长 5.5mm。瘦果圆柱形，疏被贴生柔毛；冠毛白色。花果期 5—7 月。
生　　境：生于山地草原带的多砂砾山坡和砂地，海拔 1300~2430m。

帕米尔橐吾 *Ligularia alpigena* Pojark.

形态特征：多年生草本，高25~60cm。茎近光滑。丛生叶与茎下部叶具柄，茎中上部叶与下部叶同形，无柄，半抱茎，向上渐小，叶片长达12cm，宽至7cm。总状花序上密下疏；苞片及小苞片线状钻形，长5~7mm；花序梗长2~4mm；总苞钟形或近杯形，总苞片2层，卵形或长圆形，宽3~5mm，先端钝或急尖，背部被密的有节短柔毛，内层具膜质边缘。舌状花黄色，舌片倒卵形或长圆形，长7~10mm，宽3~4mm，先端钝，管部长约4mm；管状花多数，长6~7mm，管部长2~2.5mm，冠毛白色与花冠等长。瘦果（未熟）光滑。花果期7—9月。

生　　境：生于高山草甸的山坡及流水线，海拔1900~4300m。

丝毛蓝刺头 *Echinops nanus* Bunge

形态特征：一年生草本，稀二年生，高12~30cm。茎密被蛛丝状绵毛。下部茎生叶倒披针形或线状披针形，羽状半裂或浅裂，侧裂片2~4（5）对，中部茎生叶与下部茎生叶同形并等样分裂，边缘有刺齿，或茎生叶不裂，长椭圆形或椭圆形，边缘疏生芒刺；叶厚纸质，密被蛛丝状绵毛。复头状花序单生茎枝顶端，直径2.5~3cm。基毛白色；总苞片12~14，外层线形，中层、内层长椭圆形，背部密被蛛丝状长毛，先端中间芒裂较长。小花蓝色。瘦果倒圆锥形，密被棕黄色长直毛；冠毛膜片线形，边缘糙毛状。花果期6—8月。

生　　境：生于荒漠地带的沙地、砾石地、前山和低山山坡，海拔1300~3100m。

砂蓝刺头 *Echinops gmelinii* Turcz.

形态特征：一年生草本，高 10~30cm。茎直立，淡黄色，被腺毛，有时脱落。叶互生，无柄，条状披针形，长 2~5cm，宽 0.3~0.5cm，顶端锐尖，基部半抱茎，边缘有白色硬刺，两面淡黄绿色，上部叶有腺毛，下部叶被绵毛。复头状花序单生枝端，球形，直径约 3cm，白色或淡蓝色；小头状花的外总苞为白色冠毛状刚毛，完全分离；内总苞片外部的顶端尖成芒状，上端缝状，上部边缘均有羽状睫毛；花冠筒白色，长约 3mm，裂片 5，条形，淡蓝色，与筒近等长。瘦果密生茸毛；冠毛下部连合。花果期 6—9 月。
生　境：生于沙漠中的固定、半固定沙丘、沙地、沙质土山坡和荒地，海拔 1100~3120m。

昆仑雪兔子 *Saussurea depsangensis* Pamp.

形态特征：多年生矮小草本，高 5~7cm，近无茎。叶莲座状，长圆形，长 1~2.4cm，宽 0.3~1cm，顶端圆形或钝，基部渐狭成极短的柄，边缘全缘或有稀疏的小齿，两面被黄褐色少白色茸毛。头状花序无小花梗，多数；总苞钟状，直径 7~8mm；总苞片 3~5 层，近等长，披针形，长 6~8mm，宽 2~4mm，顶端渐尖，外面密被黄褐色或白色茸毛。小花紫红色，长 8mm，细管部长 7mm，檐部 1mm。瘦果未成熟，长 4mm。冠毛黄褐色，1 层，羽毛状，长 2.1cm。花果期 7—9 月。
生　境：生于高山流石滩，海拔 5000~5300m。

冰河雪兔子（冰川雪兔子）*Saussurea glacialis* Herd.

形态特征： 多年生草本，高 1.5~6cm，全株灰绿色，被稠密的绵毛，有些只形成莲座状叶丛。基生叶及下部茎叶有短柄，叶片长椭圆形，长 1.5~4cm，宽 0.4~1cm，顶端钝，且有大的圆齿或顶端无齿而边缘全缘，基部楔形渐狭；中上部茎叶、基生叶与下部茎叶类似，较小。头状花序密集；总苞直径 0.7~1cm；总苞片等长，外层长椭圆状卵形或长椭圆形，顶端急尖，红褐色，内层披针形，肉红色，顶端渐尖；小花紫色。瘦果长椭圆状圆柱形，长 2~3mm。冠毛 2 层，白色或污白色，外层短，内层长。花果期 7—8 月。

生　　境： 生于高山草甸砾石山坡、河滩砂砾地，海拔 4300~4800m。

鼠麴雪兔子 *Saussurea gnaphalodes* (Royle) Sch.-Bip.

形态特征： 多年生草本，高 1.5~6cm。常丛生，有些只形成莲座状叶丛。叶矩圆形或匙形，长 2~4cm，宽 3~8mm，顶端钝或稍钝，基部渐狭成柄，上部边缘有疏圆齿或全缘，两面被白色或黄褐色茸毛，叶柄稍扩大，紫色；上部叶小，苞叶状，包裹球状花序，密被灰褐色绵毛。头状花序多数，无梗，在茎端密集成球状；总苞直径 7~10mm，总苞片 3~4 层，紫红色，外层矩圆状卵形，顶端稍钝，有密绵毛，内层披针形，顶端渐尖；花浅红色，长 8~10mm。瘦果圆柱形，长 3mm。冠毛淡褐色，外层少数，内层羽状。花果期 7—8 月。

生　　境： 生于高山流石滩、山坡石隙、河滩砂砾地，海拔 3200~5000m。

针叶风毛菊（钻叶风毛菊）*Saussurea subulata* C. B. Clarke

形态特征：多年生草本，垫状，高 1.5~4cm。叶无柄，钻状线形，长 0.8~1.2cm，革质，两面无毛，边缘全缘反卷，顶端有白色软骨质小尖头，被蛛丝毛。总苞钟状，直径 5~7mm；总苞片 4 层，长度近相等均具黑紫色尖头，外层卵形，中层顶端急尖，内层线形；小花紫红色。瘦果圆柱状，长 1.5~3.5mm，无毛。冠毛 2 层，外短，白色；内长，褐色。花果期 7—8 月。

生　　境：生于高山草甸、河谷砾石地和山坡，海拔 4250~5000m。

优雅风毛菊 *Saussurea elegans* Ledeb.

形态特征：多年生草本，高 10~70cm。茎常被蛛丝状茸毛及稀疏的腺点。基生叶有柄，长 1.5~6cm，叶片长圆形或长圆状卵形，羽状浅裂或几大头羽状浅裂；中部茎叶与基生叶类似；最上部茎叶小，全部叶两面异色。总苞直径 5~8mm，5 层，外被稀疏的蛛丝毛及光亮的小腺点，外短内长。小花红色。瘦果圆柱状，长 5mm，无毛，顶端有小冠。冠毛白色，2 层，外短内长。花果期 7—9 月。

生　　境：生于高山草甸和山地草原的砾石山坡、田间及草坡，海拔 1180~3200m。

牛蒡 *Arctium lappa* L.

形态特征：二年生草本，高 1~2m。茎被稀疏的乳突状毛和蛛丝状柔毛。基部叶丛生，茎生叶互生，宽卵形或心形，长 40~50cm，宽 30~40cm，正面绿色，无毛，背面密被灰白色茸毛，全缘；波状或有细锯齿，顶端圆钝，基部心形，有柄，上部叶渐小。头状花序直径 3~4cm，有梗；总苞球形；总苞片披针形，长 1~2cm，顶端钩状内弯；花全部筒状，淡紫色，顶端 5 齿裂，裂片狭。瘦果椭圆形或倒卵形，长约 5mm，宽约 3mm，灰黑色。冠毛短刚毛状。花果期 7—9 月。

生　　境：生于山坡、山谷、灌丛及河边潮湿地、村庄路旁或荒地，海拔 1100~3500m。

顶羽菊 *Acroptilon repens* (L.) DC.

形态特征：多年生草本，高 20~70cm。茎被淡灰色茸毛。叶无柄，披针形至条形，长 2~10cm，顶端锐尖，全缘或有稀锐齿或裂片，两面被灰色茸毛，有腺点。头状花序直径 1~1.5cm；苞片数层，外层宽卵形，长约 5mm，上半部透明膜质，具柔毛，下半部绿色，质厚，内层披针形或宽披针形，长约 1cm，顶端狭尖，密被长柔毛；花冠红紫色，长 15~20mm；冠毛白色，长 8~10mm。瘦果矩圆形，长约 4mm。花果期 6—8 月。

生　　境：生于水旁、沟边、盐碱地、田边、荒地、沙地、干山坡及石质山坡，海拔 1100~2400m。

赛里木蓟 *Cirsium sairamense* (C. Winkl.) O. & B. Fedtsch

形态特征：多年生草本，高 20~60cm。全部茎枝被毛。中下部茎叶长椭圆形、披针形或长披针形，羽状半裂或深裂；向上叶小，与中下部茎等形；头状花序下部的叶苞片状，边缘锯齿针刺化；全部茎叶质地薄，两面异色，基部耳状扩大半抱茎。总苞直径 2.5cm，7~8 层，由外向内变短，内层顶端膜质渐尖；小花紫色；冠毛多层，刚毛长羽毛状，污白色，长 1.5cm。瘦果长 5mm。花果期 7—9 月。

生　　境：生于山地草甸、山坡、山谷、水边或路旁，海拔 1700~2300m。

丝路蓟 *Cirsium arvense* (L.) Scop.

形态特征：多年生草本，高 30~160cm。下部茎叶不形成明显的茎翼。侧裂片齿顶有针刺达 5mm；中部及上部茎叶渐小，与下部茎叶同形。全部叶两面同色。总苞直径 1.5~2cm，通常无毛。总苞片约 5 层，外层顶端有反折或开展的短针刺，针刺长近 1mm。小花紫红色，全部小花檐部 5 裂几达基部。瘦果淡黄色，几圆柱形，顶端截形。冠毛污白多层；冠毛刚毛长羽毛状，长达 2.8cm。花果期 6—9 月。

生　　境：生于荒漠戈壁、沙地、荒地、河滩、水边、路旁及砾石山坡，海拔 1100~2500m。

藏蓟 *Cirsium lanatum* (Roxb. ex Willd.) Spreng

形态特征：多年生草本，高 30~80cm。茎枝灰白色，密被茸毛或变稀毛。下部茎生叶长椭圆形、倒披针形或倒披针状长椭圆形，上、下部叶同形并具等样针刺和缘毛状针刺；叶正面绿色，无毛，背面灰白色，密被茸毛，或两面灰白色，被茸毛。总苞直径 1.5~2cm，无毛，约 7 层。小花紫红色。瘦果楔状；冠毛污白至浅褐色。花果期 6—9 月。

生　　境：生于山坡草地、潮湿地、村边或路旁，海拔 1100~4300m。

歪斜麻花头 *Serratula procumbens* Regel

形态特征：多年生草本，高 6~20cm。植株无毛。基生叶及下部茎叶长椭圆形至披针形；中部茎叶椭圆形，无柄；最上部茎叶宽线形，边缘全缘。植株含 2~3 个头状花序，头状花序生茎枝顶端或短花梗上，头状花序歪斜。总苞圆柱状或卵状圆柱状，无毛，直径 1.5~2（2.5）cm。总苞片 10~12 层，外层卵形或卵状披针形；中层椭圆状披针形至长椭圆形；内层披针形至宽线形，上部淡黄白色，硬膜质。全部小花两性，花冠紫红色，檐部 2.1cm，花冠裂片长 6.5mm。冠毛淡黄色，长达 1.7cm。花果期 6—8 月。

生　　境：生于砾石质山坡、砾石河滩、沙滩，海拔 2600~3250m。

河西苣 *Hexinia polydichotoma* (Ostenf.) H. L. Yang

形态特征：多年生草本，高 15~40cm。茎自下部起多级等 2 叉状分枝，全部茎枝无毛。基生叶与下部茎叶少数，线形，长 0.5~4cm，宽 2~5mm；中部茎与上部茎叶或有时基生叶退化成小三角形鳞片状。头状花序单生于末级等 2 叉状分枝末端。总苞圆柱状，长 8~10mm；总苞片外层小，不等长，三角形或三角状卵形，内层长椭圆形，长 8~10mm；全部总苞片外面无毛。舌状小花黄色，花冠管外面无毛。瘦果圆柱状，长约 4mm，顶端圆形。冠毛白色，5~10 层，长 7~8mm。花果期 5—7 月。

生　　境：生于平坦沙地、沙丘间低地、戈壁冲沟及沙地田边，海拔 1100~1450m。

毛叶蒲公英 *Taraxacum minutilobum* M. Pop. ex S. Koval.

形态特征：多年生草本，高 3~8cm。叶狭倒披针形或长椭圆形，长 3.5~6cm，宽 6~10mm，羽状深裂，顶裂片戟形或三角形，全缘，急尖，每侧裂片 5~10 片，裂片线形至椭圆形，裂片先端急尖或渐尖，两面均被较密的蛛丝状毛。花莛高 3~8cm，被蛛丝状毛，顶端附近毛尤为丰富；总苞片被密蛛丝状毛，先端有暗紫色小角；外层总苞片淡绿色，披针状卵圆形至宽披针形，长 3~4mm，宽 2~2.5mm，伏贴，边缘宽膜质，窄于内层总苞片；内层总苞片绿色，长为外层总苞片的 2~2.5 倍；舌状花黄色。瘦果黄褐色，长 5.5~6mm，仅顶部有极少量的小瘤状突起，喙粗壮，长 0.5~1.5mm。冠毛白色或污白色，长 4~5mm。花果期 6—7 月。

生　　境：生于河漫滩草甸、洼地，海拔 3000~3700m。

葱岭蒲公英 *Taraxacum pseudominutilobum* S. Koval.

形态特征：多年生草本，高 3~6cm。叶线状披针形，长 3~7cm，宽 5~10mm，羽状深裂或浅裂，顶端裂片小，全缘，先端急尖或渐尖，每侧裂片 2~5 片，两面无毛。花莛 2~5（11），高 3~6cm，顶端密生蛛丝状毛；总苞窄钟状，长 8~12mm，总苞片暗绿色，被蛛丝状毛，稀无毛或仅边缘有睫毛；外层总苞片披针形至线状披针形，长 3~5mm，宽 1~2mm，伏贴，具窄膜质边缘，无角或有暗色小角，窄于内层总苞片；内层总苞片有角，长为外层总苞片的 2~2.5 倍；舌状花黄色，花冠喉部及舌片下部疏生短柔毛或无毛。瘦果黄褐色或暗褐色，长 4.5~5.5mm，仅于顶部有极少量的小刺，喙粗壮，长 1~2mm；冠毛白色，长 4~5mm。花果期 8—9 月。

生　　境：生于草甸草原、河谷草甸、洼地，海拔 3000~3700m。

多裂蒲公英 *Taraxacum dissectum* (Ledeb.) Ledeb.

形态特征：多年生草本，高 4~7cm。叶条形，长 2~5cm，宽 3~10mm，羽状全裂，顶端裂片长三角状戟形，全缘，每侧裂片 3~7 片，裂片线形，裂片先端钝或渐尖，裂片间无齿或小裂片，两面被蛛丝状短毛。花莛长于叶，高 4~7cm，花时常整个被丰富的蛛丝状毛；总苞钟状，总苞片绿色，先端常显紫红色，无角；外层总苞片卵圆形至卵状披针形，长 5（3.5）~6mm，宽 3.5（1.5）~4mm，伏贴，具有宽膜质边缘；内层总苞片长为外层总苞片的 2 倍；舌状花黄色或亮黄色，花冠喉部的外面疏生短柔毛。瘦果淡灰褐色，中部以上具大量小刺，以下具小瘤状突起，顶端逐渐收缩为长 0.8~1.0mm 的喙基，喙长 4.5~6mm；冠毛白色，长 6~7mm。花果期 6—9 月。

生　　境：生于高山湿草甸，海拔 3000m 以上。

白花蒲公英 *Taraxacum leucanthum* (Ledeb.) Ledeb.

形态特征：多年生草本，高3~10cm。叶线状披针形，近全缘至具浅裂，少有为半裂，长3（2）~5（8）cm，两面无毛。花莛1至数个，长2~6cm，无毛或在顶端疏被蛛丝状柔毛；头状花序直径25~30mm；总苞长9~13mm，总苞片干后变淡墨绿色或墨绿色，先端具小角或增厚；外层总苞片卵状披针形，具宽的膜质边缘；舌状花通常白色，稀淡黄色，边缘花舌片背面有暗色条纹，柱头干时黑色。瘦果倒卵状长圆形，枯麦秆黄色至淡褐色或灰褐色，长4mm，上部1/4具小刺，顶端逐渐收缩为长0.5~1.2mm的喙基，喙长3~6mm。冠毛长4~5mm，带淡红色或稀为污白色。花果期6—8月。

生　　境：生于山坡湿润草地、沟谷、河滩草地以及沼泽草甸处，海拔2500~5500m。

暗苞粉苞苣 *Chondrilla phaeocephala* Rupr.

形态特征：多年生草本，高30~70cm。茎直立，无毛或被蛛丝状柔毛及稍多的短刚毛。下部茎叶长椭圆形，大头羽裂或齿裂。中部和上部茎叶长椭圆状线形或线形，边缘全缘，无毛或被蛛丝状柔毛。头状花序果期长12~15mm；外层总苞片5枚，卵状披针形，长1.5~2.5mm，内层总苞片8枚，长椭圆状披针形，暗绿色，有时几黑色，外面被多少稠密的蛛丝状柔毛；舌状小花黄色。瘦果长3~5mm，无任何突起或上部有个别小瘤状突起，喙长0.8~2.3mm，顶端头状增粗，有明显的关节，关节在喙中部或中部稍下。冠毛白色，长6~7mm。花果期6—7月。

生　　境：生于山前平原、山间谷地的石质或砾石山坡，海拔1100~1500m。

粉苞苣 *Chondrilla piptocoma* Fisch. & Mey.

形态特征：多年生草本，高30~80cm。茎枝密被尘状白色柔毛，上部与分枝有时无毛。下部茎生叶长椭圆状倒卵形或长椭圆状倒披针形，长3.5~5cm，倒向羽裂或疏生锯齿；中部与上部叶线状丝形或窄线形，长4~6cm，全缘；叶被蛛丝状柔毛或无毛。头状花序单生枝端；外层总苞片椭圆状卵形，长1~2mm，内层总苞片8~9，披针状线形，长0.9~1.2cm，背面被蛛丝状柔毛或无毛，淡绿色；舌状小花9~12，黄色。瘦果窄圆柱状，长3~5mm，上部无鳞片状或小瘤状突起，冠鳞5，3全裂成窄齿，喙有关节，关节位于喙基或稍高于齿冠。花果期6—9月。

生　　境：生于河漫滩砾石地带、石质山坡、河岸及湖岸沙地，海拔1100~3220m。

苦苣菜 *Sonchus oleraceus* L.

形态特征：一年生草本，高30~100cm。茎无毛或上部有腺毛。叶长10~18（22）cm，宽5~7（12）cm，羽状深裂，顶裂片大或顶端裂片与侧生裂片等大，少有叶不分裂的，边缘有刺状尖齿。头状花序在茎端排成伞房状；梗或总苞下部初期有蛛丝状毛，有时有疏腺毛，总苞钟状，长10~12mm，宽6~10（25）mm，暗绿色；总苞片2~3列；舌状花黄色，两性，结实。瘦果压扁，两面各有3条高起的纵肋，肋间有细皱纹；冠毛毛状，白色。花果期5—9月。

生　　境：生于山坡或平地田间、空旷处或近水处，海拔1200~3200m。

沼生苦苣菜 *Sonchus palustris* L.

形态特征：多年生草本，高 80~100cm。茎中空，下部无毛，上部及总花梗被腺毛。叶无柄，基部箭形抱茎，下部叶大，长 15~30cm，羽状深裂，侧生裂片 2~3 对，三角形或披针形，顶裂片大，茎中部叶短，羽状深裂，茎上部叶小，条状披针形或条形，无毛。头状花序在茎或顶端排成伞房状，有长梗；总苞狭或宽钟状；总苞片 2~3 层，外层被密腺毛；花全部舌状，黄色，顶端 5 齿。瘦果黄色，长 4~5mm，近四棱形，棱明显高起突出。冠毛毛状，淡白色。花果期 6—9 月。

生　　境：生于草甸、沼泽水边或湖边，海拔 1100~1200m。

苣荬菜 *Sonchus wightianus* L.

形态特征：多年生草本，高 30~200cm。茎花序分枝与花序梗密被腺毛。基生叶与中下部茎生叶倒披针形或长椭圆形，羽状或倒向羽状深裂、半裂或浅裂，侧裂片 2~5 对，顶裂片长卵形、椭圆形或长卵状椭圆形；上部叶披针形或线状钻形。头状花序排成伞房状花序；总苞钟状，长 1~1.5cm，直径 0.8~1cm，基部有茸毛，总苞片 3 层，披针形；舌状小花黄色。瘦果扁压，两面各有 5 条细纵肋；冠毛白色，长 1.5cm，柔软。花果期 6—8 月。

生　　境：生于山坡草地、潮湿地、近水旁、村边或河边砾石滩，海拔 1100~2300m。

飘带莴苣 *Lactuca undulata* Ledeb.

形态特征： 一年生草本，高10~35cm。茎枝无毛。叶羽状全裂，倒披针形或长椭圆形，长2~5cm，两面无毛，基部耳状半抱茎，顶裂片披针形或椭圆形，侧裂片2~6对，椭圆形；基生叶匙形，不裂或浅齿裂，最上部茎生叶线状披针形，全缘。头状花序排成伞房状或圆锥状花序；总苞果期长卵圆形，总苞片4层，背面无毛；舌状小花淡蓝色或紫色。瘦果倒卵圆形，上部有乳突状毛，每面有1条细肋或脉纹，顶端喙长1.2cm，喙基有2个棒状附属物。花果期5—6月。

生　　境： 生于草原带与荒漠带的山坡、河谷潮湿地或农田，海拔1100~1200m。

乳苣 *Mulgedium tataricum* (L.) DC.

形态特征： 多年生草本，高5（10）~100cm。茎枝无毛。中下部茎生叶线状长椭圆形或线形，长6~19cm，羽状浅裂、半裂或有大锯齿，侧裂片2~5对，侧裂片半椭圆形或偏斜三角形，顶裂片披针形或长三角形；向上的叶与中部叶同形或宽线形；两面无毛，裂片全缘或疏生小尖头或锯齿。头状花序排成圆锥花序；总苞圆柱状或楔形，长2cm；总苞片4层，背无毛，带紫红色；舌状小花紫或紫蓝色。瘦果长圆状披针形，灰黑色。冠毛白色，长1cm。花果期6—9月。

生　　境： 生于河滩、湖边、草甸、田边、固定沙丘或砾石地，海拔1100~4000m。

弯茎还阳参 *Crepis flexuosa* (Ledeb.) Clarke

形态特征：多年生草本，高6~30cm，无毛，蓝灰色。茎常弯曲，多分枝。叶匙形、倒卵形或倒披针形，长2~6cm，宽0.5~2cm，顶端急尖或渐尖，具波状齿，羽状半裂或羽状分裂，裂片有尖齿，具长叶柄。头状花序有小花9~13朵，排成圆锥状；总苞圆柱形，长7~10mm，外层总苞片8，卵形或卵状披针形，内层总苞片9~10，披针形；舌状花黄色，长10~14mm，舌片长为筒部的2倍。瘦果近圆柱形或纺锤形，长4.3~5.5mm，两端渐狭，有10条纵肋。冠毛白色，长4~5mm。花果期6—8月。

生　　境：生于草原带、荒漠草原带的草场、河谷、农田，海拔1100~2000m。

香蒲科 Typhaceae

宽叶香蒲 *Typha latifolia* L.

形态特征：多年生水生或沼生草本。茎高1~3m。叶线形，长45~95cm，宽0.5~1.5cm，无毛；叶鞘抱茎。雌雄花序紧密相接；雄花序长3.5~12cm，比雌花序粗壮，花序轴被灰白色弯曲柔毛，叶状苞片1~3，脱落；雌花序长5~22.6cm，花后发育。雄花常由2雄蕊组成，花药长圆形，花丝短于花药，基部合生成短柄；雌花无小苞片；花柱长2.5~3mm，柱头披针形，长1~1.2mm。小坚果披针形，褐色。种子椭圆形。花期6—7月，果期7—8月。

生　　境：生于平原绿洲的湖泊、沟渠、河流的缓流浅水带、湿地或沼泽，海拔1100~2500m。

无苞香蒲 *Typha laxmannii* Lep.

形态特征：多年生沼生或水生草本。茎直立，高 60~150cm。叶窄线形，长 50~90cm，宽 2~4mm；叶鞘抱茎较紧。雌雄花序远离；雄穗状花序长 6~14cm，长于雌花序，花序轴被白色、灰白色或黄褐色柔毛，基部和中部具 1~2 纸质叶状苞片，脱落；雌花序长 4~6cm，基部具 1 叶状苞片，通常宽于叶片，脱落；雄花由 2~3 雄蕊合生，花药长约 1.5mm，花丝很短；雌花无小苞片；花柱长 0.5~1mm，柱头匙形。果椭圆形。种子褐色。花期 6—7 月，果期 7—8 月。

生　　境：生于平原绿洲的湖泊、沟渠、河流浅水带，海拔 1100~2500m。

小香蒲 *Typha minima* Funk

形态特征：多年生水生或沼生草本，高 30~50cm。叶具大型膜质叶鞘，基生叶具细条形叶片，宽不及 2mm，茎生叶仅具叶鞘而无叶片。穗状花序长 10~12cm，雌雄花序不连接，中间相隔 5~10mm；雄花序在上，圆柱状，长 5~9cm，雄花具单一雄蕊，基部无毛；雌花序在下，长椭圆形，长 1.5~4cm，成熟时直径 8~15mm，雌花有多数基生的顶端稍膨大的长毛，小苞片与毛近等长而比柱头短。花期 5—6 月，果期 7—8 月。

生　　境：生于河滩、积水沼泽或水沟边浅水处，海拔 1100~2500m。

水烛 *Typha angustifolia* L.

形态特征：多年生水生或沼生草本。地上茎直立，高 1~2 m。叶片条形，长 54~120cm，宽 4~9(10) mm；叶鞘细长，紧裹茎，具膜质边。雌雄花序相距 2.5~7cm；雄花序长 20~30cm，花序轴具褐色扁柔毛，单出或分叉，叶状苞片 1~3 枚；雄花具 2~3 枚雄蕊，花药长 2~2.5mm；向下渐宽；雌花序圆柱形，长 15~30cm，成熟时宽 1~2.5cm，淡褐色；花柱长 1~1. 5 mm，柱头窄条行，与花柱近等宽；子房纺锤形，长约 1mm，具褐色斑点，子房柄纤细，长 4~5mm，子房柄基部的白色丝状毛长约 8mm，约与苞片等长而稍短于柱头。小坚果长椭圆形，长约 1mm，具褐色斑点，纵裂。花期 6—7 月，果期 7—9 月。
生　　境：生于平原绿洲的河边、河滩积水沼泽湿地等处，海拔 1100~2500m。

水麦冬科 Juncaginaceae

水麦冬 *Triglochin palustre* L.

形态特征多年生湿生草本，植株弱小。根茎短，生有多数须根。茎高 20~50cm，为鞘内分蘖。叶全部基生，条形，长达 20cm，宽约 1mm，基部具鞘，两侧鞘缘膜质，残存叶鞘纤维状。花莛细长，无毛；总状花序，花排列较疏散，无苞片；花梗长约 2mm；花被片 6 枚，绿紫色，椭圆形或舟形，长 2~2.5mm；雄蕊 6 枚；雌蕊由 3 个合生心皮组成。蒴果棒状条形，长约 6mm，直径约 1.5mm，成熟时从下到上呈 3 瓣开裂。花期 6—8 月，果期 7—9 月。
生　　境：生于河、湖、溪水边沼泽化草甸及盐渍化潮湿草甸，海拔 1100~4200m。

海韭菜 *Triglochin maritimum* L.

形态特征：多年生湿生草本，植株稍粗壮。根茎短，常有棕色纤维质叶鞘残迹，须根多数。茎高10~60cm，为鞘内分蘖。叶基生，条形，长7~30cm，基部具鞘。花莛直立，较粗壮，圆柱形，无毛；总状花序顶生，花较紧密，无苞片。花梗长约1mm，花后长2~4mm；花被片6，2轮，绿色，外轮宽卵形，内轮较窄；雄蕊6，无花丝；雌蕊由6枚合生心皮组成。蒴果六棱状椭圆形或卵圆形，长3~5mm，直径约2mm，成熟时6瓣裂。花期5—8月，果期7—9月。
生　　境：生于河、湖、溪水边盐渍化湿草甸和沼泽草甸，海拔1100~4200m。

禾本科 Gramineae

芦苇 *Phragmites australis* (Cav.) Trin. ex Steud.

形态特征：多年生草本。秆高1~3（8）m。叶鞘下部者短于上部者，长于节间；叶舌边缘密生一圈长约1mm纤毛，两侧缘毛长3~5mm，易脱落；叶片长30cm，宽2cm。圆锥花序长20~40cm，宽约10cm。小穗长约1.2cm，具4花。颖具3脉，第一颖长4mm；第二颖长约7mm。第一不孕外稃雄性，长约1.2cm，第二外稃长1.1cm，3脉，两侧密生等长于外稃的丝状柔毛；内稃长约3mm，两脊粗糙。颖果长约1.5mm。花果期7—11月。
生　　境：生于冲积洪积扇缘和平原低地、河滩洼地、河流三角洲及河床、干旱的戈壁、沙漠或盐碱滩，海拔1100~4000m。

三芒草 *Aristida heymannii* Regel.

形态特征：一年生草本。秆高 10~40cm。叶鞘短于节间，包茎，无毛，叶舌膜质，具纤毛，长约 0.5mm；叶纵卷，长 3~20cm。圆锥花序窄，长 4~20cm；分枝单生。小穗绿色或紫色，线形；颖膜质，1 脉粗糙，第一颖长 4~9mm，第二颖长 0.6~1cm。外稃平滑或稍粗糙，长 0.6~1cm，主脉粗糙，主芒长 2cm，侧芒稍短，基盘尖，被长约 1mm 柔毛；内稃披针形，长 1.5~2.5mm；鳞被长约 1.8mm；花药长 1.8~2mm。花果期 6—9 月。

生　　境：生于平原和山地荒漠及荒漠草原中的沙漠、沙地、山坡或石隙内，海拔 1100~3000m。

齿稃草 *Schismus arabicus* Nees

形态特征：一年生矮小草本。秆高 5~15cm。叶片短小，宽 0.5~2mm。圆锥花序较密，卵形，长 1~2cm；小穗长 6~7mm，含 5~7 小花；颖短于小穗，具 5~7 脉，长 5~6mm，第一颖稍短；外稃长 2.5~3mm，具 9 脉，下部约 1/2 处具柔毛而以边缘为密，顶端膜质，2 裂可达上部 1/3 处，裂片尖，无芒或有时于裂片间有小尖头；内稃顶端尖，长达外稃裂片的基部。花果期 5—7 月。

生　　境：生于平原绿洲、山地草原或沙漠边缘荒漠地区，海拔 1100~2800m。

沿沟草 *Catabrosa aquatica* (L.) Beauv.

形态特征：多年生草本。秆柔弱，直立或于基部平卧，并在节上生根，高 20~60cm。叶片柔软，光滑无毛，宽 4~8mm，顶端呈舟状。圆锥花序开展，长 10~20cm，小穗含 1~2 小花，长 2~3mm；颖的脉不明显；外稃长约 2mm，顶端截平常呈啮蚀状，具隆起并不在顶端汇合的 3 脉，脉间及边缘质薄。颖果纺锤形，长约 1.5mm。花果期 5—9 月。

生　　境：生于河旁、沼泽地及水溪边，海拔 1350~2800m。

矮羊茅 *Festuca coelestis* (St.-Yves) Krecz. & Bobr.

形态特征：多年生草本，密丛。秆高 5~20cm。叶鞘平滑；叶舌极短具纤毛；叶片纵卷呈刚毛状，较硬直，无毛，长 1.5~6（10）cm。圆锥花序穗状。小穗紫色或褐紫色，长 5~6mm，具 3~6 小花；颖片背部平滑，先端渐尖，第一颖窄披针形，1 脉，长约 2mm，下部边缘常具纤毛，第二颖宽披针形或倒卵形，3 脉，长约 3mm。外稃背部平滑或上部常粗糙，芒长 1.5~2mm，第一外稃长 3.5~4mm；内稃近等长于外稃；子房顶端无毛。花果期 7—9 月。

生　　境：生于高山和亚高山草甸、草原及高山碎石坡，海拔 2600~4100m。

羊茅 *Festuca ovina* L.

形态特征：多年生草本，密丛。秆无毛或在花序下具微毛或粗糙，高 15~20cm。叶鞘开口几达基部；叶舌平截，具纤毛，长约 0.2mm；叶片内卷成针状，较软，稍粗糙，长 4（2）~10（20）cm，宽 0.3~0.6mm；叶横切面具维管束 5~7，厚壁组织在下表皮内连续呈环状马蹄形，上表皮疏被毛。圆锥花序穗状，长 2~5cm，宽 4~8mm；分枝粗糙。侧生小穗柄短于小穗，稍粗糙；小穗淡绿色或紫红色，长 4~6mm，具 3~5（6）小花；小穗轴节间长约 0.5mm；颖片披针形，第一颖具 1 脉，长 1.5~2.5mm，第二颖具 3 脉，长 2.5~3.5mm。外稃背部粗糙或中部以下平滑，5 脉，芒粗糙，长 1~1.5mm，第一外稃长 3~3.5（4）mm；内稃近等长于外稃；子房顶端无毛。花果期 6—9 月。

生　　境：生于山地草原带，海拔 1100~2500m，是组成山地草原的建群种。

穗状寒生羊茅 *Festuca ovina* subsp. *sphagnicola* (B. Keller) Tzbvel.

形态特征：多年生草本，形成密丛。秆高 10~30cm。圆锥花序紧密呈穗状，长 2~4cm，通常偏向一侧；小穗褐绿色，长 5~8mm；外稃长 3.8~5.5mm，先端具 2~3mm 的芒。

生　　境：生于山地草甸、亚高山草甸、高山草甸以及高寒草原，海拔 1900~4000m。

草甸羊茅 *Festuca pratensis* Huds.

形态特征：多年生草本。秆高50~130cm，平滑无毛。叶鞘平滑无毛；叶舌长0.5~1mm，叶耳边缘具纤毛；叶片狭条形，宽3~8mm，边缘粗糙。圆锥花序长达25cm，稍偏向一侧，紧缩或于开花时稍舒展，分枝短缩，其上具有少数小穗，下部者具2~3枚；小穗椭圆形，长10~15mm，含4~10花，绿色或稍带紫色；颖披针形至卵形，平滑无毛，边缘膜质，第一颖具1脉，长3~4mm，第二颖具3脉，长4~6mm；外稃长卵形，先端钝、无芒或具长达1mm的短芒，背部平滑无毛，边缘宽膜质、具短纤毛，脉不明显，第一外稃长5~8mm；内稃约与外稃等长，脊上具纤毛；花药长达4mm。花果期7—9月。

生　　境：生于河谷草甸及山地草甸，海拔2200~3500m。

新疆银穗草 *Leucopoa olgae* (Regel) Krecz.

形态特征：多年生草本，形成密丛。秆直立，高20~60cm。叶鞘平滑无毛；叶舌长0.5~1mm；叶片窄线形。基生叶长约30cm，茎生叶长5~15cm，宽1~3mm。圆锥花序长3~10cm，较疏松；小穗含4~6花，长8~10（12）mm；颖膜质，宽披针形，第一颖长3.5~4mm，具1脉，第二颖长4.5~5mm，具3脉；外稃披针状长圆形，长7~8mm，边缘宽膜质，基部被短毛或粗糙；内稃沿脊微糙；雄花具3枚花药。花果期6—8月。

生　　境：生于中山及亚高山草原，海拔2000~4200m。

膜颖早熟禾 *Poa membranigluma* D. F. Cui

形态特征：多年生草本植物。丛生，根具沙套。秆直立，高 15~30cm，顶节位于秆下部 1/3 处。叶鞘平滑；叶舌长约 0.4mm；叶片内卷呈针状，宽约 0.7mm，平滑。圆锥花序较紧缩，长 4~5cm；分枝短，微粗糙，每节具 1~2 分枝，着生 1~2 枚小穗；小穗披针形，长 5~6mm，含 2~3 小花；颖卵形，白膜质，具 1 脉，第一颖长 2.5~3mm，第二颖长 3~3.5mm；第一外稃披针形，长 4.5~5mm，先端渐尖，全部无毛，基盘不具绵毛；内稃稍短于外稃，脊上部 1/4 具细纤毛；花药长 1mm。花期 6—8 月。

生　　境：生于山坡草地，海拔 2000~700m。

西藏早熟禾 *Poa tibetica* Munro

形态特征：多年生草本。秆单生，光滑无毛，高 15~90cm；叶舌长 2~3mm；叶片宽 2~5mm，无毛，正面粗糙。圆锥花序紧缩成穗状，长达 12cm，宽达 2cm，分枝每节 2~4 枚，侧枝自基部即着生小穗；小穗卵圆形，灰绿色或稍紫色，长 5~7mm，含 3~6（8）花；颖宽披针形，长 3~5mm，具 1~3 脉；外稃宽披针形，脉粗糙，在脊下部 1/2 或 2/3 及边脉中部以下均具柔毛，基盘无毛；内稃脊 1/3 以上具纤毛。花果期 7—9 月。

生　　境：生于河谷草甸，海拔 1300~3000m。

疏穗早熟禾 *Poa lipskyi* Roshev.

形态特征： 多年生草本植物，具下伸根状茎。秆直立，丛生，高 20~50cm，平滑无毛，具 2~3 节。叶舌长 4mm；叶片线形，质地较软，长约 10cm，宽 1~3（4）mm，扁平或对折，平滑无毛或正面微粗糙。圆锥花序疏松，长 5~15cm，宽 6~8cm，近顶端着生 2~4 枚小穗；小穗卵状披针形，含 3~6 小花，长 6~7mm，带紫色；颖不等长，第一颖长 3~4mm，具 1 脉，第二颖长 3.5~5mm，具 3 脉；外稃披针形，锐尖，间脉不明显，脊与边脉下部具柔毛，基盘无绵毛，第一外稃长 4.5~5mm；内稃稍短于其外稃，两脊具纤毛。花药长约 2mm。花果期 6—8 月。

生　　境： 生于高山草甸和山坡砾石地，海拔 2200~3600m。

高原早熟禾 *Poa pratensis* subsp. *alpigena* (Lindman) Hiitonen

形态特征： 多年生草本植物，具匍匐根状茎。秆高约 15cm，直径约 1mm，基部短倾卧而后弯曲上升，直立，单一，具 1~2 节。叶鞘长于其节间，顶生者长于其叶片，平滑无毛；叶舌长约 1mm；叶片长 2~5cm，宽 1~2mm，扁平或沿中脉折叠，顶端尖，两面和边缘粗糙，有时平滑无毛，蘖生叶片长约 12cm。圆锥花序直立，较稠密，狭窄，长 3~5（7）cm，宽约 1.5cm，带紫色；分枝每节 2~4 枚，稍曲折，花期开展，微粗糙，基部主枝长 1.5~3cm，下部裸露；小穗含 2~3 小花，长 3~4mm，颖近相等，长 2~3mm，两脊微粗糙；外稃顶端与边缘具膜质，脊上部粗糙，中部以下具纤毛，边脉下部 1/3 具柔毛，基盘绵毛丰富，第一外稃长约 3.5mm；内稃与外稃近等长，脊上粗糙。花果期 7—8 月。

生　　境： 生于山地草甸、高寒草原等，海拔 700~3500m。

细叶早熟禾 *Poa angustifolia* L.

形态特征：多年生草本，具根状茎。秆高 30~60cm。叶舌膜质，长 0.5~1mm；叶片狭披针形，宽约 2mm。圆锥花序较狭窄，长 4~10cm；分枝每节 3~5 枚；小穗长 3.5~5mm，含 3~5 小花；颖不等长，长 2~3mm，具 1~3 脉，脊上粗糙；外稃顶端狭膜质，脊与边脉在中部以下有长柔毛，间脉明显，基盘具稠密白色绵毛，第一外稃长约 3mm；内稃等长于外稃，脊上粗糙。花期 6—7 月，果期 7—9 月。

生　　境：生于平原和山地的荒漠与草原带的河谷、绿洲的田边地埂，海拔 1100~3370m。

草地早熟禾 *Poa pratensis* L.

形态特征：多年生草本，具根状茎。秆高 30~80cm。叶舌膜质，长 1~2mm；叶片条形，柔软，宽 2~4mm。圆锥花序开展，长 13~20cm；小穗长 4~6mm；含 3~5 小花；第一颖长 2.5~3mm，具 1 脉，第二脉宽披针形，长 3~4mm，具 3 脉；外稃纸质，顶端钝而多少有些膜质，脊与边缘在中部以下有长柔毛，间脉明显隆起，基盘具稠密白色绵毛；第一外稃长 3~3.5mm，内稃较短于外稃。花果期 6—8 月。

生　　境：生于山地草原及亚高山草甸，海拔 1600~3750m。

高山早熟禾 *Poa alpina* L.

形态特征：多年生草本。秆高 10~30cm。叶鞘平滑无毛；叶舌膜质，长 3~5mm，蘖生者长 1~2mm；叶片长 3~10（16）cm，宽 2~5mm，两面平滑无毛。圆锥花序卵形至长圆形，长 3~7cm；小穗卵形，含 4~7 小花，长 4~8mm；第一颖长 2.5~3（4）mm，第二颖长 3.4~4.5mm；外稃宽卵形，下部脉间遍生微毛，脊下部 2/3 与边脉中部以下有长柔毛，基盘不具绵毛，第一外稃长 3~4（5）mm；内稃等长或稍长于其外稃，下部具纤毛。花果期 6—8 月。

生　　境：生于高山和亚高山草甸、高山沼泽草甸及河谷草甸，海拔 1900~3600m。

红旗拉甫早熟禾 *Poa poiphagorum* var. *hunczilapensis* Keng ex D. F. Cui

形态特征：多年生草本，形成密丛。秆直立，平滑或稍粗糙，高 10~15cm，基部具灰褐色枯萎叶鞘。叶鞘平滑；秆生叶舌膜质，长 1.5~3mm；叶片通常扁平，两面均平滑或稍粗糙，宽约 1.5mm。圆锥花序紧密呈穗状，长 2~3cm，分枝短，粗糙；小穗卵形，长 4.5~5.5mm，含 3（2）~4（5）花；颖宽披针形，具 3 脉，边缘宽膜质，第一颖长 2.5~3.5mm，第二颖长 3~4mm；外稃披针形，绿色，先端具宽的紫红色、黄棕色至白色膜质边，中脉下部 1/2 及边脉下部 1/3 具长柔毛，基盘无绵毛，第一外稃长约 4mm；内稃稍短于外稃，脊上部 2/3 具细小纤毛；花药长约 1.8mm。花果期 7—8 月。

生　　境：生于高寒草原，海拔 4000~4400m。

小林碱茅（鹤甫碱茅）*Puccinellia hauptiana* (Krecz.) Kitag.

形态特征：多年生草本。秆丛生，高 17~24cm。叶舌长 1~1.5mm；叶长 2~6cm，宽 1~2mm。圆锥花序开展，长 15~20cm，分枝长 3~5cm；小穗含 5~8 小花，长 4~5mm；颖卵形，第一颖长 0.7~1mm，第二颖长 1.2~1.5mm；外稃倒卵形，长 1.6~1.8mm，先端宽圆而钝，具纤毛状细齿，绿色，脉不明显，基部具短柔毛；内稃等长或长于其外稃，脊上具纤毛状粗糙；花药狭椭圆形，长 0.5~0.6mm。花果期 5—8 月。

生　　境：生于平原绿洲、山区的河谷草甸、盐化草甸、水渠边及田边地埂，海拔 1100~4800m。

碱茅 *Puccinellia distans* (L.) Parl.

形态特征：多年生草本，丛生。秆高 20~40cm。叶片宽 2~4mm。圆锥花序长 5~15cm，每节具 2~6 分枝；分枝细长，平展或下垂，小穗长 4~5mm，含 4~6 小花；颖与外稃顶端钝并有不整齐的细裂齿，第一颖长 1mm，第二颖长 1.5mm；外稃具不明显的 5 脉，基部被少量短毛，第一外稃长约 2mm，花药长 0.8mm。花果期 5—9 月。

生　　境：生于平原绿洲及山区的河谷草甸、盐化低地草甸、水溪边及田边，海拔 1100~4000m。

玫花碱茅 *Puccinellia florida* D. F. Cui

形态特征：多年生草本。秆直立，疏丛生，高 16~30cm，具 2~3 节。叶鞘平滑无毛，通常长于节间，顶生者长达花序基部，叶舌长 2~3mm，先端尖；叶片通常对折，宽 1.2~3mm，正面及边缘粗糙，背面平滑。圆锥花序紧密，长 8~12cm，宽约 3cm，主轴及分枝粗糙，每节具 2~5 个分枝，分枝上举；小穗矩圆形，长 6~8mm，含 6~9 花，绿色或略带暗紫色；颖卵形，具宽膜质边，第一颖长 1~1.5mm，具 1 脉，第二颖长 1.5~2mm，具 3 脉；外稃倒卵形，顶端截平或钝圆，具宽膜质边，具 5 脉，背部及基盘无毛或近于无毛，第一外稃长 2~2.2mm；内稃约与外稃等长，脊之上半部具明显的刺毛；花药黄色，长约 0.6mm。花果期 5—7 月。

生　　境：生于河滩水边、沟旁冲积扇，海拔 2900~4200m。

斯碱茅 *Puccinellia schischkinii* Tzvel.

形态特征：多年生草本，密丛型。秆直立或基部斜升，高 20~40cm，质地柔软，平滑无毛。叶鞘褐色；叶舌顶端圆或尖，长 1~2mm；叶片内卷或扁平，长 4~5cm，宽 1~2mm，质地较硬，背面平滑，正面微粗糙，灰绿色。圆锥花序长 10~20cm，狭窄；分枝长 1~2cm，直伸，微粗糙，从基部即着生小穗，常贴生；小穗长约 6mm，含 5~7 小花，绿色；颖披针形，常具脊，脊上部粗糙，顶端尖，边缘具纤毛状细齿裂，第一颖长 1.5~1.8mm，具 1 脉，第二颖长 2~2.5mm，具 3 脉；小穗轴长约 1mm；外稃长 2.8~3mm，顶端尖或渐尖，具 5 脉，中脉上部微粗糙，边缘膜质，先端具纤毛状细齿裂，基部有稀少短毛；内稃脊之上部粗糙，下部有纤毛；花药长 1（0.8）~1.2mm。花果期 6—8 月。

生　　境：生于盐化草甸、沼泽地或低地砾石沙滩等，海拔 3000~4300m。

尖齿雀麦 *Bromus oxyodon* Schrend.

形态特征：一年生草本。秆高 20~70cm。叶片长 10~20cm，宽 4~8mm，两面被柔毛。圆锥花序疏松开展，长 10~25cm；分枝叉开，粗糙，每枝着生 2~4 枚俯垂小穗；小穗披针形，含 6~10 小花，长 25~35mm；第一颖披针形，具 3~5 脉，第二颖具 5~7 脉；外稃长圆状椭圆形，长 12~15mm，被短柔毛，顶端裂齿长 1.5~3mm，芒从齿间伸出，长 15~25mm；内稃为其外稃的 2/3，沿脊具纤毛。颖果披针形，长 8~10mm。花果期 6—8 月。

生　　境：生于山地草原带的旱田边、撂荒地和割草场，海拔 1100~2550m。

偃麦草 *Elytrigia repens* (L.) Desv. ex Neviski

形态特征：多年生草本。秆高 40~80cm。叶鞘无毛或分蘖叶的叶鞘被倒生柔毛，叶耳长约 1mm，叶舌长约 0.5mm；叶片长 9~20cm，宽 0.35~1cm，正面粗糙或疏被柔毛，背面粗糙。穗状花序长 8~18cm；小穗长 1.2~1.8cm，具 6~7 小花；小穗轴节间无毛；颖披针形，长 1~1.5cm（包括芒尖），5~7 脉，无毛，有时脉间粗糙，边缘膜质。外稃长圆状披针形，5~7 脉，芒尖长 1~2mm，第一外稃长 0.9~1.2cm；内稃短于外稃，脊被纤毛。花果期 6—9 月。

生　　境：生于山谷草甸及平原绿洲，海拔 1100~2500m。

芒偃麦草 *Elytrigia repens* subsp. *longearistata* N. R. Cui

形态特征：多年生草本。秆高 40~80cm。叶鞘无毛或分蘖叶的叶鞘被倒生柔毛，叶耳长约 1mm，叶舌长约 0.5mm；叶片长 9~20cm，宽 0.35~1cm，正面粗糙或疏被柔毛，背面粗糙。穗状花序长 8~18cm，暗绿色或稍带紫红色。小穗长 1.2~1.8cm，具 6~7 小花；小穗轴节间无毛；颖披针形，长 4~8mm，5~7 脉，无毛，有时脉间粗糙，边缘膜质。外稃长圆状披针形，5~7 脉，芒尖长 4~8mm，第一外稃长 0.9~1.2cm；内稃短于外稃，脊被纤毛。花果期 6—9 月。

生　　境：生于河谷草甸、平缓阳坡及田边，海拔 1400~1900m。

冰草 *Agropyron cristatum* (L.) Gaertn.

形态特征：多年生草本。秆高 20~75cm。叶片宽 2~5mm，边缘内卷。穗状花序长 2.5~5.5cm，宽 8~15mm，顶生小穗不孕或退化；小穗紧密水平排列呈篦齿状，长 7~13mm；颖舟形具脊，被刺毛；外稃舟形，被刺毛，长 6~7mm；芒长 2~4mm；子房上端有毛。花果期 6—9 月。

生　　境：生于荒漠草原、草原和高寒草原，海拔 1100~4000m。

老芒麦 *Elymus sibiricus* L.

形态特征：多年生草本。秆高 60~90cm。叶片宽 5~10mm。穗状花序较疏松而下垂，长 15~20cm，通常每节生 2 枚小穗；小穗灰绿色或稍带紫色，含 4~5 小花；颖披针形，长 4~5mm，具 3~5 脉；外稃披针形，密生微毛，第一外稃长 8~11mm；芒稍开展或反曲，长 10~20mm；内稃与外稃几等长，顶端 2 裂，脊具微纤毛；子房上端具毛。花果期 6—9 月。

生　　境：生于山谷草甸和草甸草原，海拔 1200~3200m。

垂穗披碱草 *Elymus nutans* Griseb.

形态特征：多年生草本。秆高 50~70cm。叶片宽 5~10mm。穗状花序较疏松而下垂，长 15~20cm，通常每节生 2 枚小穗；小穗灰绿色或稍带紫色，含 4~5 小花；颖披针形，长 4~5mm，具 3~5 脉；外稃披针形，密生微毛，第一外稃长 8~11mm；芒稍开展或反曲，长 10~20mm；内稃与外稃几等长，顶端 2 裂，脊具微纤毛；子房上端具毛。花果期 6—9 月。

生　　境：生于河谷草甸和高寒草原，海拔 1700~4500m。

圆柱披碱草 *Elymus cylindricus* (Franch.) Honda

形态特征：多年生草本。秆细弱，高 40~80cm，叶鞘无毛；叶长 5~12cm，宽约 5mm。穗状花序直立，长 7~14cm，直径约 5mm，通常每节具 2 小穗。小穗绿色或带紫色，2~3 小花，长 0.9~1.1cm；颖披针形或线状披针形，长 7~8mm，3~5 脉，脉粗糙，先端尖或具长达 4mm 的芒。外稃披针形，被微小短毛，5 脉，芒长 0.6~1.3cm，第一外稃长 7~8mm；内稃与外稃近等长，先端钝，脊被纤毛，脊间被微小短毛。花果期 6—9 月。

生　　境：生于前山沟谷及河谷草甸，海拔 1100~2300m。

喀什鹅观草 *Elymus kaschgaricus* D. F. Cui

形态特征：多年生草本，密丛生。秆高 25~35cm。叶片宽 1.5~2mm。穗状花序直立，长 3~8cm，穗轴节间长 4~5mm，密被柔毛；小穗紧密，覆瓦状排列于穗轴两侧，长 9~11mm，含 3~5 小花；小穗轴节间长 1~1.5mm，密被柔毛；颖卵状长圆形，宽 2~2.5mm，具 3~5 条粗壮而隆起的脉，第一颖长 5~7mm（芒除外），第二颖长 6~8mm（芒除外）；外稃长圆形，全体密被柔毛，具 5 脉，第一外稃长 7~9mm，先端具 7~11mm 反曲的芒，基盘两侧被柔毛；内稃稍短于外稃，两脊疏生短刺毛。花果期 7—9 月。

生　　境：生于高寒草原，海拔 2800~3800m。

扭轴鹅观草 *Elymus schrenkianus* (Fischer & C. A. Meyer) Tzvelev

形态特征：多年生草本。秆高30~90cm。叶扁平，宽3~6mm，粗糙，有时被毛。穗状花序偏于1侧，垂头，长5~11cm，穗轴有关节，长0.3~0.8cm；小穗绿色带紫，偏向同一侧，基部具极短的柄，含3~4（5）小花；颖线状披针形，第一颖长0.4~0.45cm，先端具芒长2~3.5mm，第二颖长0.45~0.55cm，具芒长达5mm，具3脉；外稃披针形，极粗糙，长0.4~1.1cm，芒反曲，长于外稃1.5~2倍（长1.5~2.2cm）。花果期6—8月。

生　　境：生于草甸草原及高寒草原，海拔1500~3800m。

曲芒鹅观草 *Elymus abolinii* var. *divaricans* (Nevski) Tzvelev

形态特征：多年生草本。秆丛生，高25~65cm，基部微膝曲，平滑无毛。下部叶鞘被大量黄棕色柔毛，茎上部叶鞘无毛；叶舌圆钝，长达1mm。叶片灰绿色，扁平或干内卷，宽1~3（4）mm，无毛或少被短柔毛。穗状花序弯曲，稍疏松，长7~15cm，具4（3）~10（12）枚小穗，穗轴节间长0.8~1.5（2.5）cm；小穗浅绿色或带紫红色，长1.5~2cm，含5（3）~7花；颖窄，具3~5脉，顶端无芒或具短尖头，第一颖长5~7mm，第二颖长7~9（10）mm；外稃披针形，粗糙或被短柔毛，具5脉，第一外长10~11mm，先端具粗的长芒，芒长2~3.5（4）cm，向外反曲；内稃与外稃近等长，沿上部脊具短纤毛；花药黑绿色，长2.5~3.5mm。花果期6—9月。

生　　境：生于山地草原、河谷草甸、高山和亚高山草甸，海拔1400~4300m。

布顿大麦草 *Hordeum bogdanii* Wilensky.

形态特征：多年生草本。秆高50~80cm，具5~6节，密被灰毛。叶鞘幼嫩者具柔毛；叶舌膜质；叶片长6~15cm，宽4~6mm。穗状花序长5~10cm，宽5~7mm，穗轴节间长约1mm；三联小穗两侧生者具长约1.5mm的柄；颖长6~7mm；外稃贴生细毛，连同芒长约5mm；中间小穗无柄，颖针状，长7~8mm；外稃长约7mm，先端具长约7mm的芒，背部贴生细毛，内稃长约6.5mm；花药长2~3mm。花果期6—9月。

生　　境：生于平原绿洲中的河漫滩、水渠边等沼泽化低地草甸，海拔1100~3000m。

糙稃大麦草 *Hordeum turkestanicum* Nevski

形态特征：多年生草本，须根细弱，稠密。秆高20~40cm，基部残存叶鞘，无毛或节生细毛。叶鞘短于节间，基部者被细毛，叶舌长0.5mm；叶灰绿色，长3~8cm，顶生者长2~3cm。穗状花序灰绿并常褐紫色，干后脆断，穗轴扁，棱具纤毛。中间小穗无柄，颖刺芒状，长约6mm。外稃披针形，长约5mm，背部密生刺毛，芒长2~3mm；两侧小穗柄长1~1.5mm，颖长6~7mm，具刺毛，花退化。花期6—7月，果期8—9月。

生　　境：生于高寒草甸及草甸草原，海拔2500~3500m。

短芒大麦草 *Hordeum brevisubulatum* (Trin.) Link

形态特征：多年生草本，具根状茎。秆高 40~80cm。叶耳淡黄色，先端尖；叶舌膜质，长约 1mm；叶片长 2~15cm，宽 2~6mm，正面粗糙，背面较平滑。穗状花序长 3~9cm；穗轴节间长 2~6mm，边缘具纤毛。三联小穗的两侧生者常较小或发育不全，具短柄，颖针状，长 4~5mm。外稃长约 5mm；中间小穗无柄，长 4~5mm，外稃长 6~7mm，无毛或具细刺毛，芒长 1~2mm；内稃与外稃近等长。花果期 6—8 月。

生　　境：生于平原低地草甸及山地河谷草甸，海拔 1100~3000m。

宽穗赖草 *Leymus ovatus* (Trin.) Tzvel.

形态特征：多年生草本。秆高 30~60cm。叶鞘光滑无毛；叶片长 5~15cm，正面密被白色长柔毛，背面密被短毛。穗状花序密集成椭圆形或长椭圆形，长 5~9cm，宽 1.5~2.5cm；穗轴密被柔毛，节间长 2~6mm；小穗 4 枚生于 1 节，长 10~20mm，含 5~7 小花；小穗轴节间贴生短柔毛；颖下部具窄膜质边，常具不明显的 3 脉，脊部粗糙，长 10~13mm，覆盖或不正覆盖第一外稃的基部；外稃披针形，先端渐尖或具长 1~3mm 的芒，背面明显 5~7 脉，第一外稃长 8~10mm；内稃与外稃等长或稍短，脊的上半部具纤毛。花果期 7—8 月。

生　　境：生于高寒草原及河谷草甸，海拔 2000~4200m。

野燕麦 *Avena fatua* L.

形态特征：一年生草本，须根。秆高60~120cm。叶片宽4~12mm。圆锥花序开展，长10~25cm；小穗长18~25mm，含2~3小花，其柄弯曲下垂；颖几等长，9脉；外稃质地硬，下半部与小穗轴均有淡棕色或白色硬毛，第一外稃长15~20mm；芒自外稃中部稍下处伸出，长2~4cm，膝曲。花果期6—9月。
生　　境：生于平原绿洲的撂荒地、荒芜田野、田埂路旁及山坡草地，海拔1100~2000m。

穗三毛 *Trisetum spicatum* (L.) Richt.

形态特征：多年生草本，须根稠密。秆高8~30cm，1~3节，花序以下通常密生茸毛。叶鞘密生柔毛；叶片宽2~4mm，常有短柔毛。圆锥花序紧密呈穗状而于下部有间隔，具光泽，长5~15cm；小穗含2（3）小花，淡黄绿或带紫色，长5~6mm；第一颖长约4mm，1脉，第二颖长约5mm，具1~3脉；外稃顶端2裂齿，顶端以下1.5mm处生芒，第一外稃长4~5mm；芒长3~4（6）mm，反曲；内稃略短于外稃。花果期6—9月。
生　　境：生于高寒草甸及其上部，海拔1700~4300m。

喜马拉雅看麦娘 *Alopecurus himalaicus* Hook.

形态特征：多年生草本。秆直立，单生或少数丛生，高 15~40cm，具 3 节，光滑。叶鞘大多长于节间，上部者膨大，光滑；叶舌膜质，长约 3mm，先端边缘有齿；叶片长约 6cm，宽 2~7mm，正面粗糙，背面光滑或被短柔毛。圆锥花序长圆形，长 1~2.5cm，宽 8~12mm，灰绿色至灰紫色；小穗卵形，长 4~5mm；颖近于膜质，下部连合，上部稍叉开，先端渐尖呈芒尖，脊上具长达 2mm 的纤毛，两侧密被柔毛；外稃短于颖，先端尖，边缘具很短的纤毛，芒自下部伸出，长 4~8mm，劲直；雄蕊 3，花药黄色，长约 2mm。花果期 6—8 月。

生　　境：生于河谷沼泽化草甸，海拔 3000~4100m。

芒溚草 *Koeleria litvinowii* Dom.

形态特征：多年生草本，密丛型。秆高 20~50cm，花序下被茸毛。叶鞘遍布柔毛，上部叶鞘膨大；叶舌膜质，长 1~2mm；叶片扁平，边缘具较长的纤毛，两面被短柔毛，长 3~5cm，宽 2~4mm。圆锥花序穗状，草绿色或带淡褐色，有光泽，长圆形，下部常有间断，长 4.5~12cm，主轴及分枝均密被短柔毛；小穗长 5~6mm，含 2（稀 3）花；小穗轴节间被长柔毛，毛长约 1mm；颖长圆形至披针形，先端尖，边缘宽膜质，脊上粗糙，第一颖长 4~4.5mm，具 1 脉，第二颖长约 5mm，基部具 3 脉；外稃披针形，先端和边缘宽膜质，具不明显 5 脉，背部具微细的点状毛，于顶端以下约 1mm 处伸出 1 短芒，芒长 1~2.5mm，基盘钝，具微毛，第一外稃长约 5mm；内稃稍短于外稃，先端 2 裂，背上微粗糙；花药长约 1.5mm。花果期 6—9 月。

生　　境：生于高寒草原和高寒草甸，海拔 2500~4300m。

短毛野青茅 *Calamagrostis anthoxanthoides* (Munro) Regel.

形态特征：多年生草本。秆高10~35cm，无毛，上部近于无叶。叶鞘平滑或粗糙；叶舌膜质，长约7mm；叶片扁平，宽约5mm。圆锥花序紧密，呈穗状卵形至矩圆形，长2~6cm；小穗披针形，长5~7mm；两颖近等长；外稃稍短于小穗，具4脉，顶端齿裂，基盘两侧的柔毛长约等于稃体的1/2，芒自外稃近基部伸出，近中部膝曲，芒柱扭转，长出外稃1.5倍；内稃稍长于外；延伸小穗轴长1~1.5mm，被长约2mm的柔毛。花果期7—9月。

生　　境：生于高寒草原带，海拔3200~3700m。

假苇拂子茅 *Calamagrostis pseudophragmites* (Hdii. f.) Koel.

形态特征：多年生草本，具根状茎。秆高0.4~1.2m。叶鞘无毛或稍粗糙，叶舌膜质，长4~9mm；叶片长10~30cm，宽1.5~5（7）mm，正面及边缘粗糙，背面平滑。圆锥花序长圆状披针形，长10~25（35）cm，宽3（2）~5cm。小穗长5~7mm；颖条状披针形，成熟后张开，不等长，第二颖较第一颖短1/4~1/3，具1脉或第二颖具3脉。外稃长3~4mm，3脉，先端全缘，稀具微齿，芒自顶端或稍下伸出，长1~3mm，基盘两侧柔毛等长或稍短于小穗；内稃长为外稃1/3~2/3。花果期6—8月。

生　　境：生于平原绿洲和山间谷地的河谷草甸，海拔1100~1700m。

土耳其拂子茅 *Calamagrostis turkestanica* Hack.

形态特征：多年生草本，具根状茎。秆直立，少数丛生或单生，高30~60cm，基部周围具多数叶鞘。叶片扁平，先端尖长，长约13cm，宽达5mm，蓝绿色，两面无毛而粗糙；叶舌膜质，长3~5mm。圆锥花序椭圆形，紧缩，长7~12cm，宽2~3cm，分枝短，粗糙；小穗淡黄色、淡褐色至淡紫色，长6~7mm；颖窄披针形，具长尖，近于等长，主脉粗糙；外稃披针形，长3.5~4mm，具3~5脉，先端2齿裂，芒自稃体中部以上伸出，劲直，长达2mm，基盘两侧的柔毛约与稃体等长；内稃长等于外稃长的3/4。花果期7—8月。

生　　境：生于高原河谷湿地，海拔3100~3500m。

巨序剪股颖 *Agrostis gigantea* Roth.

形态特征：多年生草本，高30~130cm。叶舌长圆形，长3~6（11）mm；叶片线形，长5~30cm，宽0.3~1cm，边缘和脉粗糙。花序长圆形或尖塔形，疏松或紧缩，长10~25cm，宽3~10cm。小穗长2~2.5mm，颖片舟形，两颖等长或第一颖稍长，背部具脊，脊的上部或颖的先端稍粗糙；外稃长1.8~2mm，无芒；基盘两侧簇生长0.2~0.4mm的毛；内稃长为外稃的2/3~3/4，长圆形。花果期7—8月。

生　　境：生于中低山河谷草甸及平原绿洲的河漫滩、田边，海拔1100~2000m。

棒头草 *Polypogon fugax* Nees ex Steund.

形态特征：一年生草本。秆高 15~75cm，基部膝曲。叶鞘常短于或下部者长于节间，无毛，叶舌长圆形，长 3~8mm，顶端具不整齐裂齿；叶片长 2.5~15cm，宽 3~4mm，微粗糙或下面光滑。圆锥花序穗状，长 3~15cm，宽 1.5~3cm，有间断。小穗长 2~2.5mm；颖长圆形，先端 2 浅裂，芒长 1~3mm。外稃长约 1mm，光滑，先端具微齿，芒长约 2mm，易脱落；内稃近等长于外稃。花果期 6—9 月。

生　　境：生于平原绿洲及山区的水溪边，海拔 1100~3500m。

长芒棒头草 *Polypogon monspeliensis* (L.) Desf.

形态特征：一年生草本。秆高 8~60cm。叶鞘松散，短于节间或下部者长于节间，叶舌长 2~8mm，撕裂状；叶片长 2~13cm，宽 2~9mm，正面和边缘粗糙，背面较光滑。圆锥花序穗状，长 1~10cm，宽 0.5~3cm（包括芒）。小穗淡灰绿色，成熟后枯黄色，长 2~2.5mm；颖倒卵状长圆形，先端 2 浅裂，芒长 3~7mm，细而粗糙。外稃长 1~1.2mm，芒约与稃体等长而易脱落。花果期 6—9 月。

生　　境：生于平原绿洲及山区的水溪边，海拔 1100~3500m。

西北针茅 *Stipa sareptana* var. *krylovii* (Roshev.) P. C. Kuo & Y. H. S

形态特征：多年生草本。秆直立丛生，高 30~80cm。叶鞘平滑或具柔毛；基生叶舌端钝，秆生者披针形，长 2~3mm；叶片下面无毛，长 10~20cm；小穗草黄色；颖披针形，先端细丝状，长 1.5~2.7cm，第一颖具 3 脉，第二颖具 5 脉；外稃长 9~11mm，具纵条毛，达稃体的 3/4，顶端毛环不明显，芒二回膝曲扭转，第一芒柱长 1.5~2cm，第二芒柱长 1cm，芒针长 9~10cm；内稃与外稃近等长，具 2 脉。花果期 6—8 月。

生　　境：生于山地草原和高寒草原，海拔 1300~3400m。

沙生针茅 *Stipa glareosa* P. Smirn.

形态特征：多年生草本。秆高 15~25cm。叶鞘具短柔毛或粗糙，叶舌长约 1mm，边缘具纤毛；叶片背面密生刺毛，秆生叶长 2~4cm，基生叶长达 20cm。圆锥花序常包于顶生叶鞘内。颖尖披针形，近等长，长 2~3.5cm，先端细丝状尾尖，3~5 脉。外稃长 0.7~1cm，背部具成纵行毛，芒一回膝曲、扭转，芒柱长约 1.5cm，具长约 2mm 羽状毛，芒针长 4.5~7cm，常弧曲，具长约 4mm 羽状毛；内稃与外稃近等长，1 脉。花果期 5—9 月。

生　　境：生于山地和山前倾斜平原的荒漠草原带，海拔 1100~4500m。

镰芒针茅 *Stipa caucasica* Schmalh.

形态特征：多年生草本。秆高15~50cm。叶鞘平滑无毛；基生叶舌平截，长约0.5mm，秆生叶舌钝圆，长1~1.5mm，边缘均具柔毛；叶片纵卷如针，长5~10cm；颖披针形，先端丝芒状，等长或第一颖稍长，长3.5~4mm，第一颖具3脉，第二颖具5脉；外稃长8~10mm，背部具条状毛，芒一回膝曲扭转，芒柱长1.6~2.2cm，具长约1mm的柔毛，芒针长7~14cm，呈手镰状弯曲，羽状毛长3~5mm。花果期5—8月。

生　　境：生于山麓地带的草原和荒漠草原，海拔1200~3500m。

短花针茅 *Stipa breviflora* Griseb.

形态特征：多年生草本植物。秆高20~60cm，具2~3节。叶鞘短于节间，基部者被柔毛，基生叶舌钝，长0.5~1.5mm，秆生叶舌先端常2裂；叶片纵卷成针状，基生叶长为秆高的1/2~2/3。圆锥花序长10~20cm，基部常为顶生叶鞘所包，分枝细而光滑，每节2~4枚，小穗灰绿或浅褐色；颖窄披针形，等长或第一颖长，1~1.5cm，先端渐尖，3脉。外稃长5.5~7mm，5脉，先端关节处生1圈短毛，背部具纵行毛，基盘长约1mm，密被柔毛，芒二回膝曲，扭转，全芒着生短于1mm柔毛，第一芒柱长1~1.6cm，第二芒柱长0.7~1cm，芒针弧曲，长3~6cm；内稃与外稃近等长，具疏柔毛。花果期5—8月。

生　　境：生于石质山坡、干旱山坡或河谷阶地，海拔700~4700m。返青早，是荒漠草原地区主要牧草。

紫花针茅 *Stipa purpurea* Griseb.

形态特征：多年生草本。秆高 20~45cm。叶片直立，纵卷如针，茎生叶片长 3.5~6cm。圆锥花序简短，长达 15cm；小穗紫色；颖几相等，长 13~15mm；外稃长约 9mm，背部遍生短毛，与芒之间有关节；内稃背面亦具短毛；基盘尖锐；芒两回膝曲，遍生长 2~3mm 的柔毛。颖果长约 6mm。花果期 6—8 月。

生　　境：生于高山和亚高山高寒草原，海拔 2500~4500m。

芨芨草 *Achnatherum splendens* (Trin.) Nevski.

形态特征：多年生草本。秆高 50~250cm。叶片长 30~60cm。圆锥花序开展，长 30~60cm；小穗长 4.5~7mm，灰绿或带紫色，含 1 小花；颖膜质，第一颖较第二颖短 1/3，外稃厚纸质，长 4~5mm，背部密生柔毛，顶端 2 裂齿；基盘钝圆，有柔毛；芒自外稃齿间伸出，直立或微曲，但不扭转，长 5~10mm，易落；内稃 2 脉而无脊，脉间有毛，成熟后露出。花果期 6—8 月。

生　　境：生于平原绿洲及山区地下水位较高的低地草甸和河谷草甸，海拔 1100~4200m。

冠毛草 *Stephanachne pappophorea* (Hack.) Keng

形态特征：多年生草本植物。植株草黄色，丛生，秆直立，高10~35cm，具4~5节，基部宿存枯叶鞘。叶舌膜质，长2~3mm，顶端齿裂；叶片条形，宽1~3mm，无毛。圆锥花序穗状，长6~16cm，直径4~10mm，有光泽，黄绿色乃至枯草色；颖几等长，长5~6mm，具1~3脉，外稃长3~4mm；5脉不明显，顶端深裂为长1.2~1.8mm的2裂片，裂片基部生一圈长3~3.5mm的冠毛状柔毛，其下密生短毛；芒自裂片间伸出，长6~8mm，中部以下稍扭转。花果期7—9月。

生　　境：生于干山坡、干草原、干河滩及路边，海拔1800~3200m。

小獐毛 *Aeluropus Pungens* (M. Bieb) C. Koch

形态特征：多年生草本。秆高5~25cm，花序以下粗糙或被毛，基部密生鳞叶。叶鞘多聚于秆基，无毛，叶舌短，具1圈纤毛；叶窄线形，长0.5~6cm，宽1.5mm，无毛。圆锥花序穗状，长2~7cm，分枝单生，疏离。小穗长2~4mm，具（2）4~8小花；颖卵形，疏生纤毛，脊粗糙，第一颖短于第二颖，约0.5mm。外稃卵形，5~9脉，边缘具纤毛；内稃先端平截或具缺刻；花药长约1.5mm。花果期6—8月。

生　　境：生于平原绿洲的盐化低地草甸，海拔1100m左右。

小画眉草 *Eragrostis minor* Host.

形态特征：一年生草本。秆高 15~50cm，节下有一圈腺体。叶长 3~15cm，宽 2~5mm，正面粗糙并疏生柔毛，主脉及边缘有腺点。圆锥花序开展，长 6~15cm，宽 4~6cm；花序轴、小枝及小穗柄均具腺点。小穗绿至深绿色，长圆形，长 3~8mm，宽 1.5~2mm，有 3~16 小花，颖卵状长圆形，脉有腺点，第一颖长约 1.6mm，第二颖长约 1.8mm。外稃宽卵形先端圆钝；内稃宿存，弯曲，长约 1.6mm，沿脊有纤毛；花药长约 0.3mm。花果期 6—9 月。

生　　境：生于平原绿洲及低山沟谷，如河漫滩、荒芜田野或路旁，海拔 1100~1700m。

画眉草 *Eragrostis pilosa* (L.) Beauv.

形态特征：一年生草本。秆高 15~60cm。叶鞘扁，疏散包茎，鞘缘近膜质，鞘口有长柔毛，叶舌约 0.5mm；叶无毛，长 6~20cm，宽 2~3mm。圆锥花序开展或紧缩；分枝单生、簇生或轮生，腋间有长柔毛。小穗长 0.3~1cm，宽 1~1.5mm，有 4~14 小花；颖膜质，披针形，第一颖长约 1mm，无脉，第二颖长约 1.5mm，1 脉。外稃宽卵形，第一外稃长约 1.8mm；内稃长约 1.5mm，稍弓形弯曲，脊有纤毛；花药长约 0.3mm。花果期 7—9 月。

生　　境：生于平原绿洲的河漫滩、路旁、田边、地埂和荒地，海拔 1100~1500m。

虎尾草 *Chloris virgata* Sw.

形态特征：一年生草本。秆无毛，高 12~60cm。叶鞘松散包秆，无毛，叶舌长约 1mm，无毛或具纤毛；叶线形，长 3~25cm，宽 3~6mm，两面无毛或边缘及正面粗糙。秆顶穗状花序 5~10 枚，穗状花序长 1.5~5cm；小穗排列于穗轴的一侧，长 3~4mm，含 2 小花，第二小花不孕并较小；颖具 1 脉，第二颖有短芒；外稃顶端以下生芒；第一外稃具 3 脉，二边脉生长柔毛而生于上部的约与外稃等长。花果期 6—10 月。

生　　境：生于平原绿洲及山地的路旁、荒地、河岸沙地，海拔 1100~3700m。

狗牙根 *Cynodon dactylon* (L.) Pers.

形态特征：多年生草本。秆直立或下部匍匐，节生不定根，蔓延生长，秆无毛。叶鞘微具脊，无毛或被疏柔毛，鞘口常具柔毛，叶舌有 1 轮纤毛；叶线形，长 1~12cm，宽 1~3mm，通常无毛。穗状花序通常 3~5，长 1.5~5cm。小穗灰绿色，稀带紫色，具 1 小花，长 2~2.5mm。颖长 1.5~2mm，第二颖稍长，均具 1 脉，边缘膜质。外稃舟形，5 脉，背部成脊，脊被柔毛；内稃与外稃等长，2 脉。花果期 6—9 月。

生　　境：生于平原绿洲的低洼地、河水泛滥地、地下水位较高的平缓地、低山区的沟谷村庄附近、道旁河岸、荒地山坡，海拔 1100~2100m。

隐花草 *Crypsis aculeata* (L.) Ait.

形态特征：一年生草本。秆平卧或斜倚，长5~15cm。叶舌短小，具纤毛；叶片条状披针形，顶端针刺状，宽1.5~3mm，具疣毛。圆锥花序紧密、头状，长仅16mm，宽5~13mm，托以两片苞片状叶鞘；小穗长4mm，含1小花，脱节于颖下；颖不等长，短于小穗，具1脉；外稃薄，具1脉；雄蕊2枚。花果期6—9月。

生　　境：生于平原绿洲上的河漫滩、水泛地及水边的沼泽化草甸，海拔1100m左右。

蔺状隐花草 *Crypsis schoenoides* (L.) Lam.

形态特征：一年生草本。秆高5~17cm。叶舌短小，成为一圈纤毛状；叶片长2~5.5cm，宽1~4mm，正面被微毛或柔毛。圆锥花序紧缩成穗状、圆柱状或长圆形，长1~3cm，宽5~8mm，其下托以一膨大的苞片状叶鞘；小穗长约3mm，淡绿色或紫红色；颖膜质，具1脉成脊，脊上生短刺毛，第一颖长2.2~2.5mm，第二颖长2.5~2.8mm，外稃长约3mm，具1脉；内稃略短于外稃或等长；雄蕊3。花果期6—9月。

生　　境：生于平原绿洲上的河漫滩、水边湿地等沼泽化低地草甸，海拔1100m左右。

无芒稗 *Echinochloa crus-galli* var. mitis (Pursh) Petermann

形态特征：一年生草本。秆高 50~120cm，直立，光滑无毛，基部倾斜或膝曲。叶鞘疏松裹秆，平滑无毛，下部者长于节间，而上部者短于节间；叶舌缺；叶片扁平，线形，长 10~40cm，宽 5~20mm，无毛，边缘粗糙。圆锥花序直立或下垂，分枝斜上举而开展，常再分枝；小穗密集于穗轴的一侧，卵状椭圆形，长约 3mm，无芒或具极短芒，芒长常不超过 0.5mm，脉上被疣基硬毛；颖具 3~5 脉；第一外稃具 5~7 脉，有长 5~30mm 的芒；第二外稃顶端有小尖头并且粗糙，边缘卷抱内稃。花果期 6—8 月。

生　　境：生于平原绿洲中水分条件较好的田边地埂和水边湿草地，海拔 1100m 左右。

止血马唐 *Digitaria ischaemum* (Schreb.) Schreb. ex Muchl.

形态特征：一年生草本。秆高 15~40cm。叶鞘具脊，无毛或疏生柔毛；叶舌长约 0.6mm；叶片线状披针形，长 5~12cm，宽 4~8mm，多少生长柔毛。总状花序长 2~9cm，具白色中肋，两侧翼缘粗糙；小穗长 2~2.2mm，2~3 枚着生于各节；第一颖不存在；第二颖具 3~5 脉，等长或稍短于小穗；第一外稃具 5~7 脉，与小穗等长，脉间及边缘具细柱状棒毛与柔毛；第二外稃成熟后紫褐色，长约 2mm。花果期 6—9 月。

生　　境：生于平原绿洲的田野、河边湿润处，海拔 1100~1400m。

金色狗尾草 *Setaria glauca* (L.) Beauv.

形态特征：一年生草本。秆高 20~90cm。叶片条形，宽 2~8mm。圆锥花序柱状，通常长 3~8cm；刚毛状小枝金黄色或带褐色；小穗长 3~4cm，单独着生常伴有不孕小穗；第一颖长为小穗的 1/3；第二颖长约为小穗的 1/2；第二外稃成熟时有明显的横皱纹，背部强烈隆起。花果期 6—8 月。

生　　境：生于平原绿洲及低山农区的田边、地埂、路边和荒野，海拔 1100m。

狗尾草 *Setaria viridis* (L.) Beauv.

形态特征：一年生草本。秆高 10~80cm。叶片条状披针形，宽 2~20mm。圆锥花序紧密呈柱状，长 2~15cm；小穗长 2~2.5mm，2 至数枚成簇生于缩短的分枝上，基部有刚毛状小枝 1~6 条，成熟后与刚毛分离而脱落；第一颖长为小穗的 1/3；第二颖与小穗等长或稍短；第二外稃有细点状皱纹，成熟时背部稍隆起，边缘卷抱内稃。花果期 6—9 月。

生　　境：生于平原绿洲及低山农区的田边、地埂、路边和荒野，海拔 1100~4000m。

白草 *Pennisetum centrasiaticum* Tzvel.

形态特征：多年生草本。秆高20~90cm。叶鞘近无毛；叶舌具长1~2mm的纤毛；叶片长10~25cm，宽5~8（12）mm，两面无毛。圆锥花序紧密，长5~15cm；小穗通常单生，卵状披针形，长3~8mm；第一颖微小，脉不明显；第二颖长为小穗的1/3~3/4，先端芒尖，具1~3脉；第一小花雄性，罕中性，第一外稃与小穗等长，厚膜质，先端芒尖，具3~5（7）脉，第一内稃透明，膜质或退化；第二小花两性，第二外稃具5脉。花果期7—9月。

生　　境：生于平原绿洲及山区的固定沙地、沙丘间洼地和田边地埂、路边和撩荒地，海拔1100~3200m。

白羊草 *Bothriochloa ischaemum* (L.) Keng

形态特征：多年生草本。秆高25~80cm。叶片狭条形，宽2~3mm。总状花序多节，4至多数簇生茎顶，下部的长于主轴，穗轴逐节断落，节间与小穗柄都具纵沟；小穗成对生于各节；无柄小穗长4~5mm，基盘钝；第一颖中部稍下陷，两侧上部有脊；芒自细小的第二外稃顶端伸出，长10~15mm，膝曲；有柄小穗不孕，色较无柄小穗深，无芒。花果期7—9月。

生　　境：生于低山丘陵带的山地草原，海拔1100~2600m。

毛稃仲彬草 *Kengyilia alatavica* (Drobow) J. L. Yang & al.

形态特征：多年生草本。秆呈疏丛，基部倾斜或膝曲，高 40~70cm，平滑无毛。叶鞘平滑无毛；叶片内卷或对折，灰绿色，长 6.5~17cm（分蘖叶长达 25cm），宽 1~4mm，先端长渐尖，正面微糙涩，背面平滑无毛。穗状花序长 7~8cm，穗轴被柔毛；小穗长 10~13mm，含 3~5 小花；颖长圆状披针形，灰绿色或带紫色，边缘质薄近于膜质，上部偏斜，无毛或上部疏生柔毛，先端长渐尖至具短尖头，具 5 脉，或第二颖具 4~5 脉，长 7~9mm，2 颖几等长或第一颖稍短；外稃被紧贴柔毛，具 5 脉，第一外稃长约 9mm，先端具长 1~3mm 的小尖头；内稃稍短于外稃，先端凹陷，上部被微毛，脊的上部具短小刺毛，其余部分平滑无毛；花药黄色。花果期 6—9 月。

生　　境：生于草原、草甸等草地，海拔 1500~3000m。

莎草科 Cyperaceae

球穗藨草 *Scirpus strobilinus* Roxb.

形态特征：多年生草本。秆高 15~40cm。叶扁平，宽 2~8mm，在秆上部的叶长于秆或与秆等长。叶状苞片 2~3 枚，长于花序；长侧枝聚伞花序常短缩成头状，少有具短辐射枝，通常具 1~10 个小穗；小穗卵形，长 10~16mm，宽 3.5~7mm；鳞片长圆状卵形，膜质，淡黄色，长 5~6mm，外面微被短毛，延伸出顶端成芒；雄蕊 3；花柱细长，柱头 2。小坚果宽倒卵形，双突状，长约 2.5mm，黄白色，成熟时呈深褐色，具光泽。花果期 6—9 月。

生　　境：生于平原绿洲的浅水沼泽、湿草地及溪水边的沼泽草甸，海拔 1100~2800m。

扁杆藨草 *Scirpus planiculmis* Fr. Schmidt

形态特征：多年生草本。秆高 30~80cm，三棱形。叶片长条形，宽 2~5mm。苞片叶状，1~3 枚，比花序长；长侧枝聚伞花序缩短成头状或有时具 1~4 个短的辐射枝，通常有 1~6 枚小穗；小穗卵形，长 1~1.5cm，宽 6~7mm；鳞片椭圆形或椭圆状披针形，褐色，长 6~7mm，膜质，顶端凹，具 1 条中肋，顶端延长为芒尖，芒尖长约 2mm；稍反曲，无侧脉；下位刚毛 2~4 条，约与小坚果等长或稍短，具倒刺；雄蕊 3，花药黄色，长约 4mm。小坚果倒卵形或宽倒卵形，长 3~3. 5mm，两侧扁压，微凹。花柱丝状，长 7~8mm，上部近 1/3 至 1/2 处分裂，柱头 2。花果期 6—9 月。

生　　境：生于平原绿洲的河边、河滩积水沼泽湿地等处，海拔 1100~1600m。

水葱 *Scirpus tabernaemontani* C. C. Gmel.

形态特征：多年生草本。秆高 1~2m，圆柱形。叶鞘管状，仅最上部的 1 枚具叶片；叶片条形，长 1.5~11cm。苞片 1，直立，为秆的延长，短于花序；长侧枝聚伞花序有 4~13 或更多的辐射枝；辐射枝长可达 5cm，每枝有 1~3 个小穗；小穗卵形或矩圆形，长 5~10mm，宽 2~3.5mm，有多数花；鳞片椭圆形或宽卵形，棕色或紫褐色，有锈色小突起，先端微缺，有芒；雄蕊 3；柱头 2 或 3，长于花柱。小坚果平滑，倒卵形或椭圆形。花果期 5—8 月。

生　　境：生于平原绿洲及山区的积水沼泽、水边湿草地，海拔 1100~3700m。

华扁穗草 *Blysmus sinocompressus* Tang & Wang

形态特征：多年生草本。秆扁三棱形，高2~20（26）cm，中部以下生叶，基部有褐色或紫褐色老叶鞘。叶平展，边缘稍内卷并有小齿，渐向顶端渐狭，顶端三棱形，短于秆，宽1~3.5mm；叶舌很短，白色膜质。苞片叶状，长于花序；小苞片呈鳞片状，膜质；穗状花序单一顶生，由两侧排列紧密的3~10枚小穗组成，最下部1至数枚通常远离，长圆形或狭长圆形，长1.5~3cm，宽6~11mm；小穗披针形、卵形或长椭圆形，长5~7mm，含2~9朵两性花；鳞片长卵圆形，顶端急尖，锈褐色，膜质，背部有3~5条脉，中脉呈龙骨状突起，绿色，长3.5~4.5mm；下位刚毛3~6条，卷曲，高出小坚果约2倍，有倒刺；雄蕊3，花药狭长圆形，顶端具短尖，长约3mm；柱头2，长于花柱2倍。小坚果倒卵形，深褐色，长约2mm。花果期6—9月。

生　　境：生于平原绿洲、山区的河谷、水边沼泽草甸，海拔1100~3600m。

南方荸荠 *Eleocharis meridionalis* Zinserl.

形态特征：多年生草本。具细的根状茎；秆细，直立，形成密丛，灰绿色，秆稍具沟槽。小穗单一顶生，具少数花，卵形或球形，长3~7mm；最下部鳞片钝或尖，长为小穗的1/3~3/4，无花；其余鳞片全有花，卵形至披针形，具宽膜质边；下位刚毛5~7条，很少无刚毛，通常等长或长于小坚果，具向下的密齿。小坚果倒卵形，近于三棱状，长约1.5mm，花柱基小于果实4倍，尖三棱形。花果期6—8月。

生　　境：生于沼泽草甸，海拔1160~3500m。

少花荸荠 *Eleocharis pauciflora* (Lightf.) Link

形态特征：多年生草本。秆多数密丛生，劲直，细，高3~30cm。叶缺，秆的基部具1~2个叶鞘；鞘红褐色或褐色，膜质，管状，高1~4cm，鞘口平。小穗卵形或球形，长4~7mm，淡褐色，顶端急尖，有2~7朵花，在小穗基部的一片鳞片淡褐色，不育，顶端钝或急尖，抱小穗基部一周，长为小穗1/2或接近小穗全长，其余鳞片内全有花；下位刚毛0~5条，长短不一，趋向于减退，一般长为小坚果的1/2，有倒刺；柱头3。小坚果倒卵形，平突状，长2mm，灰色微黄，平滑，表面细胞呈四至六角形；花柱基细，不膨大，形成一个小三棱形短尖，短尖长为小坚果的1/5~1/4，与小坚果之间不缢。花果期6—8月。

生　　境：生于河边沼泽草甸，海拔1160~3500m。

银鳞荸荠 *Eleocharis argyrolepis* Kjer. ex Bunge

形态特征：多年生草本。秆单生或少数丛生，高15~20cm，直径1~3mm。叶缺，仅于秆基部具1~2个叶鞘，稍紫红色，鞘口斜。小穗圆筒状披针形，长10~20mm，直径2~4mm，银白色或麦秆黄色，有多数花，小穗基部有2个鳞片中空无花，宽卵形，顶端尖，对生，各抱小穗半周，其余鳞片全有花，长3毫米，宽1.5mm，背部浅绿色，两侧各有1条狭而短的血红色条纹，中脉不明显，边缘白色、宽膜质；下位刚毛4条，微弯曲，具稀疏而有时平展的倒刺。小坚果宽倒卵形，双突状，长1.1~1.3mm，宽0.9~1mm；花柱基半圆形、半长圆形或近于四方形，顶端钝圆，长为小坚果的1/3~1/2，宽通常等于小坚果，白色，海绵质，与小坚果之间缢缩，柱头2。花果期5—9月。

生　　境：生于河边沼泽草甸，海拔1160~3500m。

褐穗莎草 *Cyperus fuscus* L.

形态特征：一年生草本。秆丛生，高5~30cm，锐三棱形，平滑，基部具少数叶。叶片扁平，宽1~3mm，渐尖，质软，上部边缘稍粗糙。苞片2~3枚，叶状，不等长；长侧枝聚伞花序复出或有时简单，具1~6个不等长的辐射枝，辐射枝长18（0.2）~30mm，其顶端无中轴，集生多数小穗，呈球形，稍疏松或有时辐射枝完全简化而花序呈头状；小穗棕褐色，长圆形，顶端钝，长4~7mm，宽约2mm，具15~25朵花；鳞片卵形，长1~1.4mm，背脊绿色，两侧红褐色，边缘白色膜质，顶端钝；雄蕊2。小坚果椭圆形或倒卵状椭圆形，三棱状，长1~1.3mm，淡黄色。花果期6—8月。
生　　境：生于平原绿洲的水边、沼泽化草甸，海拔1100~1200m。

红鳞扁莎 *Pycreus sanguinolentus* (Vahl) Nees

形态特征：一年生草本。秆密丛生，高7~40cm，扁三棱状。叶短于秆，宽2~4mm，边缘具细刺。苞片3~4，叶状，长于花序；长侧枝聚伞花序简单，有3~5个辐射枝，最长达4.5cm或极短缩；小穗4~12个或更多，密聚成短穗状花序，开展，矩圆形或矩圆状披针形，长5~13mm，宽2.5~3mm，有6~24朵花；鳞片卵形，长约2mm，顶端钝，中间黄绿色，两侧具较宽的槽，褐黄色或麦秆黄色，边缘暗褐红色，有3~5脉；雄蕊3，少有2；柱头2。小坚果倒卵形或矩圆倒卵形，双突状，稍肿胀，长为鳞片的1/2~3/5，黑色。花果期6—9月。
生　　境：生于河谷、田边、河滩湿草地或浅水中，海拔1100~1200m。

线叶嵩草 *Carex capillifolia* (Decne.) S. R. Zhang

形态特征：多年生草本，密丛生，高15~30cm。秆细，近圆柱形，有3钝棱。基部具有大量残存的叶鞘，长近4cm，宽约5mm，暗褐色或褐色，革质，发亮。根细，无毛。叶基生，短于秆，叶片卷折，线形，宽0.3~0.8mm，柔软，镰刀形弯曲。穗状花序，单一小穗顶生，线状长圆形，长1.5~3cm，直径3mm左右，暗褐色；支小穗多数，顶生的雄性，侧生的雄雌顺序；鳞片长圆状卵形或长圆状披针形，长4~6mm，先端钝，栗褐色，具宽的白色膜质边缘，具3脉；先出叶长圆形，长3.5~5mm，先端截形或钝，栗褐色；柱头3。小坚果窄椭圆形、椭圆形或倒卵状长圆形，有3棱。花果期7—8月。

生　　境：生于高山带土壤基质较细土层深厚且湿润的阴坡、山间谷地和泉边、溪旁、河滩，海拔3500~4400m。

尖苞薹草 *Carex microglochin* Wahl.

形态特征：多年生草本。秆高5~20cm，近无棱，平滑。叶短于秆，内卷如针，质硬，平滑。小穗1，顶生，雄雌顺序，椭圆形，长约1cm，雄花部分极短，具5~7花，雌花部分比雄花部分长，具4~12花。雌花鳞片椭圆状长圆形，先端钝，长约3mm，边缘白色透明膜质，3脉，深褐或棕色，早落。果囊初近直立，后渐反折，柄极短弯曲向下，披针状钻形，横切面近圆形，长3.5~4.5mm，淡棕色，渐窄成喙，喙口透明膜质近平截，平滑，厚纸质，细脉多条不明显，基部具海绵质。小坚果长圆形，长约2mm，柄极短埋于果囊的海绵质基部，腹面具坚硬延伸小穗轴，先端尖锐，伸出果囊达2mm；柱头3，伸出果囊。花果期6—8月。

生　　境：生于高山和亚高山沼泽草甸，海拔2000~3680m。

刺苞薹草 *Carex alexeenkoana* Litv.

形态特征： 多年生草本。具下伸的木质根状茎，形成密丛；秆高 40~50cm。秆基部被棕色残存叶鞘；叶片质硬而薄，紧缩，宽达 4mm，先端尖，短于秆。下部苞片叶状，具长达 1.5cm 的鞘，叶片稍短于花序；小穗 3~5 枚，上部 1~3 枚雄小穗彼此接近，窄披针形，长 1~2.5cm；其余为雌小穗，倒卵形或长圆形，棒状，较疏松，长 1~3cm，上部者近于无柄，下部者具长达 1cm 的短柄，常隐藏于苞片的鞘内，雌花鳞片宽椭圆形，红褐色，顶端膜质半圆形，中脉隆起呈脊并向外延伸成锥状尖，等长于果囊；果囊长圆形至倒卵形，三棱状，暗绿色，具 5~7 脉，先端和边缘被短柔毛，顶端急缩成微 2 齿裂的短喙，喙口斜切、白色膜质。花果期 5—8 月。

生　　境： 生于山地草甸草原及高寒草原，海拔 1900~4500m。

短柄薹草（柄状薹草）*Carex pediformis* C. A. Mey.

形态特征： 多年生草本，灰绿色。根状茎斜生。秆高 30~40cm，纤细，略坚挺。叶短于秆，平展，宽 2~3mm，基部具褐或暗褐色裂成纤维状宿存叶鞘，苞片佛焰苞状，苞鞘绿色，边缘白色膜质，苞片甚短，或呈刚毛状。小穗 3~4，下部 1 个稍疏离，余较接近；顶生雄小穗棒状圆柱形，长 0.8~2cm，侧生雌小穗长圆形或长圆状圆柱形，长 1~2cm，小穗柄通常不伸出苞鞘。雌花鳞片倒卵形、卵形、卵状长圆形或长圆形，长 4~4.5mm，先端钝或急尖，具短尖或短芒，纸质，两侧褐或褐红色，有白色宽膜质边缘，中间绿色，1~3 脉。果囊倒卵形或倒卵状长圆形，钝三棱状，长 3.5~4.5mm，淡绿色，密被白色短柔毛，背面无脉，腹面具 2 侧脉及数细脉，具长柄，喙短外弯，喙口微凹。小坚果倒卵形，三棱状，长 2.5~3mm，黄褐色，花柱基部增粗，柱头 3。花果期 5—9 月。

生　　境： 生于草原、山坡、疏林下或林间坡地，海拔 1100~2400m。

白尖薹草 *Carex atrofusca* Schkuhr

形态特征：多年生草本，深绿色。具短根茎；秆三棱形，稍坚硬，无毛，高 10~30cm。基部具浅褐色叶鞘；叶片扁平或向下卷，2~3 倍短于秆，宽 3~5mm，无毛。苞片刚毛状，具鞘；小穗 2~5 枚，彼此接近，顶生者为雄小穗，卵形或矩圆状卵形，长 1~1.2cm，下垂，雄花鳞片卵形，尖，深褐色；其余为雌小穗，卵形至矩圆形，长 1~1.5cm，紧密，具粗而平滑的柄，柄长 2~3cm，偏向花序轴一侧，很少下垂，雌花鳞片卵形，尖，暗紫褐色，中肋淡白色，顶端膜质，具狭的淡白色膜质边，稍短于果囊；果囊椭圆至矩圆形，极压扁的三棱状，长 4.5~5.5mm，上部暗紫褐色，下部和边缘无色或色淡，顶端具短喙，喙口微 2 齿裂，边缘白色膜质。小坚果矩圆形，长约 2mm，扁三棱状；柱头 3。花果期 6—8 月。

生　　境：生于高山和亚高山草甸，海拔 2400~4300m。

青藏薹草（硬叶薹草）*Carex moocroftii* Falc

形态特征：多年生草本。具匍匐根状茎；秆坚硬，三棱形，高 10~20cm。叶扁平，宽 2~4mm，质坚硬，短于秆。苞片刚毛状，无鞘；小穗 4~5 枚，组成密集的头状花序，顶端 1 枚为雄小穗，圆柱形，长 10~18mm；其余为雌小穗，卵形，长 7~17mm，基部小穗具短柄，雌花鳞片卵状披针形，黑褐色，长 5~6mm；果囊椭圆状倒卵形，约等长于鳞片，革质，三棱状，先端急缩成短喙。小坚果倒卵形，长约 2.3mm。花果期 7—9 月。

生　　境：生于沙质高寒草原和高寒荒漠草原，海拔 3800~4800m。

黑花薹草 *Carex melanantha* C. A. Mey.

形态特征：多年生草本。匍匐根状茎粗壮。秆高 10~25cm，三棱形，坚硬，稍粗糙，基部具淡褐色的老叶鞘。叶短于或近等长于秆，宽 3~6mm，近革质。苞片最下部的刚毛状，上部的鳞片状。小穗 3~6 个，密生呈头状，顶生 1 个通常雄性，稀两性，卵形，长 1~2.5cm，近无柄；侧生小穗雌性，卵形或长圆形，长 1~2cm；小穗无柄或基部小穗具短柄。雌花鳞片长圆状卵形，顶端锐尖，长 4~5mm，两侧深紫红色，背面中间绿色，边缘具狭的白色膜质。果囊短于鳞片，长圆形或倒卵形，三棱形，长 3~3.5mm，革质，麦秆黄色，上部暗紫红色，基部具短柄，顶端急缩成短喙，喙口微凹。小坚果倒卵形或倒卵状长圆形，长约 2mm，淡黄褐色；柱头 3 个。花果期 5—8 月。

生　　境：生于高山和亚高山沼泽化草甸及山坡阴处，海拔 2500~4500m。

大桥薹草 *Carex aterrima* Hoppe

形态特征：多年生草本，绿色或鲜绿色。具短粗而密集的根状茎。秆坚实，三棱形，上部粗糙，高 50~80cm。基部叶鞘无叶，紫褐色；叶片扁平，宽 4~7mm，稍粗糙，短于秆。下部苞片无鞘，短于花序；小穗 4~7 枚，聚集成束，疏松，具短柄；下部小穗柄长可达 1（1.7）cm；顶生小穗异性（雌雄顺序），卵形，其余小穗为雌性，长圆形或棒状倒卵形，长 1.3~3cm，宽 7~9mm，顶端圆形，雌花鳞片卵形，顶端尖，锈褐色至黑褐色，中肋浅色，边缘狭膜质，短于果囊；果囊椭圆形，扁三棱状，长 4~4.5mm，紫锈色，基部具不明显的脉，近于无柄，顶端急收缩成 2 齿裂的短喙。小坚果倒卵形，浅褐色，长约 2mm；柱头 3。花果期 6—8 月。

生　　境：生于河谷、湖滨及水溪边沼泽草甸，海拔 2250~4800m。

苇陆薹草 *Carex wiluica* Meinsh. ex Maack

形态特征：多年生草本，灰绿色。无匍匐枝；秆细，粗糙，密丛生，高 30~50cm。基部具紫褐色、无叶而稍裂成纤维状的鞘。叶片条形，紧缩或内卷，宽 1~1.5（2）mm，等长于秆。苞片长于小穗而等长或短于花序；小穗 3~5 枚，远离生，顶生者为雄小穗，线状长圆形；其余为雌小穗，长 0.6~2cm，狭筒形或长圆状披针形，具短柄，雌花鳞片长圆状披针形，深褐色，具浅色脊，短且窄于果囊；果囊椭圆形至长圆状卵形，长 2~2.5mm，压扁而呈双突形，黄褐色，具 5~6 脉，顶端急收缩成短喙，喙口全缘；柱头 2 裂。花果期 6—8 月。

生　　境：生于平原绿洲的河边、河漫滩，海拔 1100~2000m。

圆囊薹草 *Carex orbicularis* Boott

形态特征：多年生草本，灰绿色。根状茎丛生，具匍匐枝。秆高 10~40cm，纤细，基部具褐色老叶鞘。叶基生，短于秆，宽约 2mm。小穗 2~4，接近；顶生小穗雄性，圆柱形，长 1.2~2.5cm；侧生小穗雌性，卵形或矩圆形，长 5~15mm，无梗或具短梗；苞片刚毛状，无苞鞘；枝先出叶鞘状，紫褐色；雌花鳞片矩圆形或矩圆状披针形，长约 1.5mm，暗紫色，具狭的白色膜质边缘，中肋色淡。果囊圆卵形或倒卵形，稍长于鳞片而较其宽 2~3 倍，平突状，下部淡褐色，上部暗紫色，密生树脂状小突起，脉不明显，顶端具短喙，喙口微凹，疏生小刺。小坚果卵形，长约 2mm；花柱基部不增大，柱头 2。花果期 5—9 月。

生　　境：生于平原绿洲及山区的水溪边、河漫滩或低地盐生沼泽草甸，海拔 1100~4230m。

箭叶薹草 *Carex bigelowii* Torr. ex Schwein.

形态特征： 多年生草本，灰绿色。具长而粗的根状茎和匍匐枝，被浅红褐色鳞片；秆细而坚实，稍粗糙，高20~60cm。基部叶鞘栗褐色；叶片扁平或紧缩，边缘内卷，宽2.5~4mm，硬而粗糙。下部苞片鳞片状或具刚毛状苞片，等长于小穗；小穗3~5枚，彼此接近，雄小穗顶生，圆柱形，长1~2.5cm；其余为雌小穗，矩圆形或矩圆状圆柱形，长0.5~3cm，宽4~6mm，近于无柄，而下部小穗具长达4~10mm的短柄，雌花鳞片矩圆状披针形，紫黑色，长约2.5mm，顶端锐尖或钝，具1脉，边缘白色狭膜质，与果囊近等长；果囊椭圆形至卵状椭圆形，平突状，下部浅褐色，上部黑紫色，表面被小颗粒状突起，脉不明显，顶端急收缩成全缘的短喙，喙口截形。小坚果宽倒卵形，长约1.5mm；柱头2裂。花果期5—8月。

生　　境： 生于平原绿洲及山区的水溪边和沼泽草甸，海拔1100~3890m。

柄囊薹草 *Carex stenophylla* Wahlenb.

形态特征： 多年生草本，须根灰色。根状茎斜伸，具3~10束分蘖枝，形成疏丛；秆粗糙，高15~45cm。基部具坚实的锈色鞘；叶片扁平或内卷呈针状，宽1.5~2.5mm，短于秆。小穗5~10枚，较大，雄雌顺序，聚集成椭圆形的穗状花序，花序长1~3cm；鳞片卵形，顶端尖或具芒尖，浅锈褐色，具白色窄膜质边，短于果囊；果囊薄革质，宽卵形，长4（3）~4.5mm，平突状，锈褐色，有光泽，具肋状脉（前面10条，后面5~7条），基部圆形，具明显的短柄，顶端逐渐收缩成粗糙的长喙，喙口2齿裂；柱头2。花果期5—8月。

生　　境： 生于平原绿洲及山区的河谷、水渠边等水分条件较好的草甸和沼泽草甸，海拔1100~3600m。

灯心草科 Juncaceae

中亚灯心草 *Juncus turkestanicus* V. Krecz. & Gontsch.

形态特征：一年生草本，青绿色。茎于中部以上多分枝，直立或上部稍弯曲，高10~30cm，基部被浅锈色、稍宽的叶鞘。叶片半紧缩，宽达1mm，长达花序。聚伞花序多不对称型的分枝；叶状总苞片长约等于花序的1/2；花常数朵密聚于分枝顶端；小苞片卵形，长2~2.5mm，膜质；花被片宽卵形至卵状披针形，中间具窄的绿色条纹，边缘宽膜质近于等长，外轮花被片尖，长4.5~5mm，内轮花被片钝，长4~4.7mm，不宽于外轮花被；花药长约1.5mm，几与花丝等长。蒴果椭圆状长圆形，顶部圆形，锈色，长4~4.8mm。种子圆卵形，长0.3~0.4mm，浅锈色，有光泽。花果期6—9月。

生　　境：生于沼泽草甸及水溪边，海拔1100~2600m。

少花灯心草 *Juncus heptapotamicus* V. Krecz & Gontsch

形态特征：多年生草本，灰绿色。具匍匐根状茎；茎秆直立，高10~30（40）cm。叶片有沟槽，宽1~1.3mm，长达茎的1/2~3/4。聚伞花序稠密，具2~5个短的、展开的分枝，分枝末端束生2~5朵花；总苞片等长或长于花序；小苞片锈褐色，边缘膜质；花长2.5~3.5mm，花被片等长，长圆形至椭圆形，边缘宽，紫褐色，几无膜质边；雄蕊长约2mm，花药长1.4~1.8mm。蒴果长圆形，长约4mm，具喙，长于花被。种子卵形。花果期5—9月。

生　　境：生于沼泽草甸及水溪边，海拔1100~4000m。

团花灯心草 *Juncus gerardii* Loisel.

形态特征：多年生草本，灰绿色。茎直立，高 30~50cm。叶多基生而少茎生，叶片紧缩，有沟槽，宽 1~2mm，长达花序；叶鞘顶部具短而钝的叶耳。伞房状聚伞花序长 3~10cm；叶状总苞片短于或等长于花序；花长 2.5~3mm，单生或 2~4 朵束生；小苞片半革质，钝，边缘窄膜质；花被片等长，卵形，顶端钝，背部绿色，边缘白色膜质；雄蕊长约 2mm，花药长约 1.5mm。蒴果倒卵形，长 3~4mm，稍长于花被片，具短的钻状喙。种子卵形。花果期 6—9 月。

生　　境：生于平原绿洲及山区的沼泽草甸及水溪边，海拔 1100~4000m。

棱叶灯心草（小花灯心草）*Juncus articulatus* L.

形态特征：多年生草本，绿色。茎圆柱形，高 20~60cm。叶片圆筒形，具横向隆起的棱肋。由 8~15 朵小花聚集成头状花序，再由头状花序组成聚伞花序；总苞片直，短于花序；小苞片膜质，卵形至披针形，短于花；花被片披针形，等长，中间绿色，周围褐色，边缘白色膜质，外轮花被片尖，内轮花被片钝；雄蕊长约 1.8mm，花药与花丝近等长。蒴果三棱状长圆形，顶端具短喙，长 3.4~4mm，长于花被片。种子浅褐色。花果期 5—8 月。

生　　境：生于平原绿洲、山区的沼泽草甸、水溪边，海拔 1100~2600m。

百合科 Liliaceae

洼瓣花 *Gagea serotina* (L.) Ker Gawl.

形态特征：多年生草本，高 10~15cm，鳞茎不明显膨大。基生叶 1~2 枚，细条形，长达 15cm，宽约 1mm，常内卷，莛生叶 2~3 枚，甚短而细。花 1~2 朵；花被片 6，倒卵状椭圆形至倒卵状矩圆形，长 9~12（15）mm，白色而有紫脉，里面基部有折而呈似半月形的洼陷；雄蕊 6，花丝长 4.5~5.5mm，无毛，花药椭圆形，长约 1.5mm；子房长椭圆形，长约 4mm，花柱约与子房等长。蒴果倒卵形，长 6~7mm。花期 6—7 月，果期 8—9 月。

生　　境：生于亚高山草甸及高山草甸，海拔 1500~3400m。

褐皮韭 *Allium korolkowii* Regel

形态特征：多年生草本。鳞茎单生或数枚聚生，外皮褐色，革质，顶端破裂为略呈网状的纤维。叶 2~4 枚，半圆柱状。花莛圆柱状，高 10~30cm；总苞 2 裂，比花序短；伞形花序具少数花；小花梗不等长，有的短于花被片，有的则可比花被片长 2~3 倍，基部具小苞片；花近白色至红色；花被片具紫色中脉，等长，长 5~6.5mm，宽 1.2~1.8mm；花丝等长，约为花被片长的 2/3，基部 1/4~1/3 合生并与花被片贴生，分离部分的基部扩大成三角形，向上突然收狭成锥形，内轮花丝扩大部分的基部比外轮的基部约宽 1 倍；子房圆锥状卵形，基部具小的凹陷蜜穴。花果期 7—8 月。

生　　境：生于砾石质滩地及干旱坡地上，海拔 1100~2400m。

青甘韭 *Allium przewalskianum* Regel

形态特征：多年生草本。鳞茎柱状圆锥形，簇生；鳞茎外皮红色，稀为褐色，网状纤维质。花葶圆柱形，高 10~35cm。叶基生，具 4~5 棱的棱柱形，沿棱具细齿。总苞单侧开裂，近与花序等长，宿存；伞形花序半球形至球形，多花；花梗长度近等于或为花被的 2~3 倍，无苞片，花淡红色至紫红色；花被片 6，长 4（3）~6.5mm，内轮的矩圆形至矩圆状披针形，外轮的卵形或狭卵形；花丝伸出花被至长为其 1.5~2 倍，在基部合生并与花被贴生，内轮花丝基部扩大成矩圆形，两侧各具 1 齿；子房近球形；花柱伸出花被。花果期 7—8 月。
生　　境：生于高山干旱山坡、石缝、灌丛下或草坡，海拔 2000~4000m。

滩地韭 *Allium oreoprasum* Schrenk

形态特征：多年生草本。鳞茎柱状圆锥形；鳞茎外皮褐色，网状纤维质。花葶圆柱形，高 20~50cm。叶基生，狭条形。总苞卵形，短于花序，具短喙；伞形花序簇生状或簇生状半球形；花梗等长，为花被长度的 1.5~3 倍，具苞片；花淡红色或白色；花被片 6，具 1 粗的深紫色脉，长 5~7mm，宽椭圆形，顶端具 1 反折的短尖头，外轮的常略长于内轮的；花丝长为花被片的 1/2~2/3，约 1/3 合生并与花被贴生，分离部分内轮的为三角形，外轮的为狭三角形，内轮的基部为外轮的 1 倍宽。花果期 6—8 月。
生　　境：生于砾石质戈壁中及山坡石质坡上，海拔 1500~3500m。

山韭 *Allium senescens* L.

形态特征：多年生草本。鳞茎圆锥形，外皮黑色或灰白色，膜质。花莛高 10~50cm，圆柱形，有时具 2 个很窄的纵翅而呈二棱形。叶基生，条形，为花莛的 1/2 或略比它长，宽 2~6（10）mm。总苞宿存；伞形花序半球形，多花；花梗长度为花被的 2~4 倍，有或无苞片；花被半球状，淡红色至紫红色；花被片 6，长 4~6mm，内轮的矩圆状卵形至卵形，外轮的舟状卵形；花丝比花被片略长，至长为花被片的 1.5 倍，基部合生并与花被贴生，内轮的狭三角形，外轮的锥形，内轮的基部为外轮的 1 倍宽；花柱伸出花被。花果期 7—9 月。

生　　境：生于砾石质坡地上，海拔 1100~2000m。

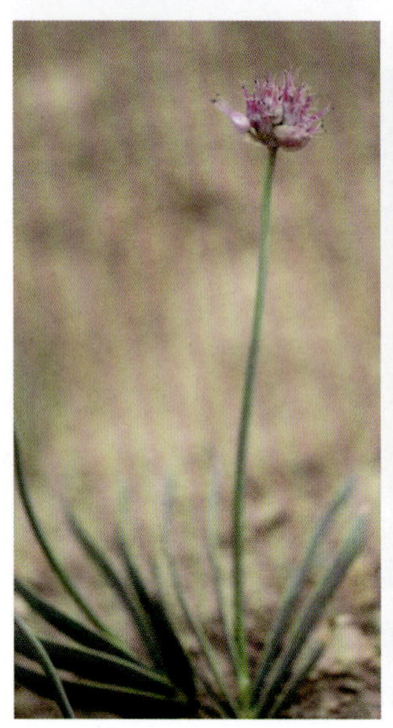

小山蒜 *Allium pallasii* murr.

形态特征：多年生草本。鳞茎近球形；鳞茎外皮灰色或褐色，膜质或近革质，不破裂；茎圆柱状，高 15~65cm，1/4~1/2 被叶鞘。叶 3~5 枚，半圆柱状，短于花莛。总苞 2 裂，短于花序。伞形花序球状或半球状，具多而密集的花；小花梗近等长，长于花被片 2~4 倍，基部无小苞片；花淡红色至淡紫色；花被片披针形至矩圆状披针形，等长，内轮常较狭；花丝等长，长于花被片 1.5 倍或近等长，在基部合生并与花被片贴生，内轮基部扩大，有时扩大部分每侧各具 1 齿，外轮锥形；子房近球形，表面具细的疣状，腹缝线基部具凹陷的蜜穴。花果期 5—7 月。

生　　境：生于荒漠及干旱坡地上，海拔 1100~2300m。

蓝苞葱 *Allium atrosanguineum* Kar. & Kir.

形态特征：多年生草本。鳞茎圆柱形，外皮灰褐色，近纤维质，条裂。花莛圆柱形，高 10~36cm。叶 1~3 枚，管状，中空，与花莛近等长。总苞天蓝色，2 裂。伞形花序球形；花梗长 5~10mm，内面的较长，无苞片；花黄色，后变红色；花被片 6，长 8.5~16mm，宽 3~4mm，矩圆状披针形至矩圆形，等长或内轮的更短；花丝长 5.5~8mm，1/3~3/4 合生成管状，合生部分的 1/2~2/3 与花被片贴生，分离部分狭三角形，内轮的基部较宽；子房基部收狭成短柄，具 3 凹穴；花柱长 3.5~7mm。花果期 6—8 月。

生　　境：生于山地草原带和高山草甸，海拔 3000~4500m。

头花韭 *Allium glomeratum* Prokh.

形态特征：多年生草本。鳞茎卵球形，粗 1~2cm；鳞茎外皮灰色或灰黄色，纸质。茎高 6~30cm，下部被叶鞘。叶 2~3 枚，狭条形，正面具沟纹，比花莛短，宽 0.5~1.5mm，叶片和叶鞘沿纵脉具细糙齿。总苞 2 裂，约与花序等长；伞形花序半球状或近球状，具多而密的花；小花梗近等长，等长或略长于花被片，基部具小苞片；花淡紫色；花被片卵状披针形，长 4~5mm，宽 1~2mm，内轮的常略狭；花丝等长，略比花被片短或近等长，在基部合生并与花被片贴生，基部呈狭长三角形扩大，向上渐狭为锥形；子房球形，腹缝线基部无凹陷的蜜穴，花柱伸出花被外。花果期 7—8 月。

生　　境：生于山地草原带及高山草甸带，海拔 1200~1800m。

宽苞韭 *Allium platyspathum* Schenk.

形态特征：多年生草本。鳞茎卵状柱形，粗 1~2cm，1~2（3）枚聚生；鳞茎外皮黑褐色，纸质。花莛高 10~40cm，中部以下具叶鞘。叶 3~6 枚，宽条形，近与花莛等长，宽 3~17mm，扁平，钝头。总苞 2 裂，有时具色，宿存；伞形花序球形或半球形，多花；花梗长度等于或为花被的 1.5 倍，无苞片；花淡红色至淡紫色，有光泽；花被片 6，长 6~8mm，披针形至条状披针形，外轮的略短；花丝单一，锥形，在基部合生并与花被贴生，长度等于或为花被片的 1.5 倍，基部略扩大；花柱伸出花被。花果期 7—8 月。
生　　境：生于山地草甸带或山谷河滩地上，海拔 1500~3500m。

石生韭 *Allium caricoides* Regel

形态特征：多年生草本。鳞茎聚生，圆柱状，直径 0.5~1cm；鳞茎外皮棕色，革质，不破裂或顶端条裂。叶 3~4 枚，半圆柱状至近圆柱状，近与花莛等长，宽 0.5~1（1.5）mm，正面具沟槽，边缘具纤毛状短齿或糙齿。花莛圆柱状，高 5~20cm，粗 1~1.5mm，下部被叶鞘；总苞 2 裂，具短喙，宿存；小花梗近等长，为花被片长的 1/2 或近等长，基部具小苞片；花淡红色至淡紫色，钟状开展；花被片矩圆形、卵状矩圆形至卵形；花丝等长，约为花被片长的 1.5 倍，锥形，在基部合生并与花被片贴生；花柱伸出花被外。花果期 7—8 月。
生　　境：生于高山和亚高山草甸中，海拔 2500~3000m。

折枝天门冬 *Asparagus angulofractus* Iljin

形态特征：多年生直立草本，高 20~40cm。茎和分枝平滑。叶状枝每 1~5 枚成簇，通常平展或下倾，和分枝交成直角或钝角，近扁的圆柱形，伸直或稍弧曲，通常长 1~2.5cm；鳞片状叶基部无刺。花通常每 2 朵腋生，淡黄色；雄花花梗长 4~6mm，与花被近等长，关节位于近中部或上部；雌花花被长 3~4mm，花梗常比雄花的稍长，关节位于上部或紧靠花被基部。花期 6 月，果期 7—8 月。

生　　境：生于平原荒漠中及半固定沙丘上，海拔 1350~2000m。

西北天门冬 *Asparagus persicus* Baker

形态特征：攀缘植物，通常不具软骨质齿。茎平滑，长 30~100cm，分枝略具条纹或近平滑。叶状枝通常每 4~8 枚成簇，稍扁的圆柱形，伸直或稍弧曲，长 0.5~1.5（3.5）cm，极少稍具软骨质齿；鳞片状叶基部有时有短的刺状距。花每 2~4 朵腋生，红紫色或绿白色；花梗长 6~18（25）mm，关节位于上部或近花被基部；雄花花被长约 6mm；雌花花被长约 3mm。浆果直径约 6mm，熟时红色，有 5~6 粒种子。花期 6 月，果期 7—8 月。

生　　境：生于平原荒漠灌木丛、盐碱地、戈壁滩、河岸或荒地上，海拔 1200~2900m。

鸢尾科 Iridaceae

白花马蔺 *Iris lactea* Pall.

形态特征：多年生密丛草本。根状茎粗壮，包有红紫色老叶残留纤维。叶基生，灰绿色，质坚韧，线形，无明显中脉，长45~50cm，宽4~6cm。花茎高4~10cm；苞片3~5，草质，绿色，边缘膜质，白色，包2~4花。花乳白色，直径5~6cm；花被筒短，长约3mm；外花被裂片倒披针形，长4.2~4.5cm，内花被裂片窄倒披针形，长4.2~4.5cm；雄蕊长2.5~3.2cm，花药黄色。蒴果长椭圆状柱形，有短喙，6肋。种子多面体形，有光泽。花期5—7月，果期6—8月。

生　　境：生于平原绿洲的荒地、路边或山坡草地，海拔1100~1500m。

马蔺 *Iris lactea* var. *chinensis* (Fisch.) Koidz

形态特征：多年生密丛草本。根状茎粗壮，包有红紫色老叶残留纤维。叶基生，灰绿色，质坚韧，线形，无明显中脉，长45~50cm，宽4~6cm。花茎高4~10cm；苞片3~5，草质，绿色，边缘膜质，白色，包2~4花。花为浅蓝色、蓝色或蓝紫色，花被上有较深色的条纹，直径5~6cm；花被筒短，长约3mm；外花被裂片倒披针形，长4.2~4.5cm，内花被裂片窄倒披针形，长4.2~4.5cm；雄蕊长2.5~3.2cm，花药黄色。蒴果长椭圆状柱形，有短喙，6肋。种子多面体形，有光泽。花期5—7月，果期6—8月。

生　　境：生于平原绿洲的荒地、路边或山坡草地，海拔1100~1500m。

细叶鸢尾 *Iris tenuifolia* Pall.

形态特征：多年生密丛草本，植株基部宿存老叶叶鞘。根状茎块状。叶质坚韧，丝状或线形，无中脉，长 20~60cm，宽 1.5~2mm。花茎短，不伸出地面。苞片 4，膜质，披针形，包 2~3 花。花蓝紫色；花被筒长 4.5~6cm；外花被裂片匙形，长 4.5~5cm，宽约 1.5cm；无附属物，常有纤毛，内花被裂片倒披针形，长约 5cm；雄蕊长约 3cm，花丝丝状，宽约 2mm；花柱分枝扁平，顶端裂片窄三角形。蒴果倒卵圆形，有短喙。花期 5—6 月，果期 6—9 月。
生　　境：生于山地草甸草原、前山冲积扇荒漠草原，海拔 1100~3000m。

天山鸢尾 *Iris loczyi* Kanitz

形态特征：多年生密丛草本，基部残留棕褐色老叶鞘纤维。根状茎块状。叶质坚韧，线形，无中脉，长 20~40cm，宽约 3mm。花茎短，不伸出或稍伸出地面；苞片 3，包 1~2 花。花蓝紫色，直径 5.5~7cm；花被筒丝状，长达 10cm；外花被裂片倒披针形或窄倒披针形，长约 6cm，宽 1~2cm；内花被裂片倒披针形，长 4.5~5cm；雄蕊长约 2.5cm；花柱分枝长约 4cm，顶端裂片半圆形。蒴果长倒卵圆形或圆柱形，有短喙，6 肋明显。花期 5—6 月，果期 6—7 月。
生　　境：生于阴坡、半阳坡高山草原和山地荒漠草原，海拔 1900~4000m。

参考文献

崔乃然, 1990. 新疆主要饲用植物志：第一册[M]. 乌鲁木齐: 新疆人民出版社.

崔乃然, 1994. 新疆主要饲用植物志：第二册[M]. 乌鲁木齐: 新疆人民出版社.

李德铢, 2018. 中国维管植物科属词典[M]. 北京：科学出版社.

米吉提・胡达拜尔地, 2000. 新疆高等植物检索表[M]. 乌鲁木齐: 新疆大学出版社.

新疆植物志编辑委员会, 1993. 新疆植物志: 第一卷[M]. 乌鲁木齐: 新疆科技卫生出版社.

新疆植物志编辑委员会, 1994. 新疆植物志: 第二卷第一分册[M]. 乌鲁木齐: 新疆科技卫生出版社.

新疆植物志编辑委员会, 1995. 新疆植物志: 第二卷第二分册[M]. 乌鲁木齐: 新疆科技卫生出版社.

新疆植物志编辑委员会, 2011. 新疆植物志: 第三卷[M]. 乌鲁木齐: 新疆科技卫生出版社.

新疆植物志编辑委员会, 2004. 新疆植物志: 第四卷[M]. 乌鲁木齐: 新疆科学技术出版社.

新疆植物志编辑委员会, 1999. 新疆植物志: 第五卷[M]. 乌鲁木齐: 新疆科技卫生出版社.

新疆植物志编辑委员会, 1996. 新疆植物志: 第六卷[M]. 乌鲁木齐: 新疆科技卫生出版社.

新疆维吾尔自治区畜牧厅, 1990. 新疆草地植物名录[M]. 乌鲁木齐: 新疆人民出版社.

中国科学院植物研究所, 1994. 中国高等植物图鉴: 第一册[M]. 北京: 科学出版社.

中国科学院植物研究所, 1972. 中国高等植物图鉴: 第二册[M]. 北京: 科学出版社.

中国科学院植物研究所, 1983. 中国高等植物图鉴: 第三册[M]. 北京: 科学出版社.

中国科学院植物研究所, 1994. 中国高等植物图鉴: 第四册[M]. 北京: 科学出版社.

中国科学院北京植物研究所, 1976. 中国高等植物图鉴: 第五册[M]. 北京: 科学出版社.

中国科学院兰州沙漠研究所, 1985. 中国沙漠植物志: 第一卷[M]. 北京: 科学出版社.

中国科学院兰州沙漠研究所, 1987. 中国沙漠植物志: 第二卷[M]. 北京: 科学出版社.

中国科学院兰州沙漠研究所, 1992. 中国沙漠植物志: 第三卷[M]. 北京: 科学出版社.

中国科学院植物研究所,（2019-11-23）[2022-11-30]. 植物智[EB/OL]. https: //www.iplant.cn.

《中国植物志》编委会, 1959-2004. 中国植物志[M]. 北京: 科学出版社.

Flora of China Editorial Commitee, 2001. Flora of China[M]. Bei jing: Science Press.

索引

R

S

T

W

X